KB042481

# 세계도시 바로 알기

## 3 남부유럽

권용우

박영사

세계도시를 바로 아는 열쇠(key)는
말(language) 먹거리(industry) 종교(religion)다

# 머리말

『세계도시 바로 알기』 제3권 남부 유럽에서는 이탈리아, 스페인, 포르투갈, 그리고 발칸반도 여러 나라들을 다룬다. 발칸반도 국가는 그리스, 크로아티아, 슬로베니아, 보스니아 헤르체고비나, 세르비아, 몬테네그로, 코소보, 북(北)마케도니아, 알바니아, 불가리아 등이다.

세계도시를 바로 알 수 있는 열쇠는 말, 먹거리, 종교다. 남부 유럽은 어떠한가? 각 나라가 독자적인 말이 있고 종교 또한 확고하여 어렵고 힘든 상황에서도 흔들림 없이 민족적 정체성을 지켜내고 있다. 그러나 먹거리 산업은 나라마다 상이하다.

이탈리아어는 이탈리아와 스위스에서 공식언어로 쓰인다. 이탈리아 경제는 중소기업과 협동조합이 기둥이다. 2021년 1인당 GDP는 34,997달러다. 노벨상 수상자는 21명이다. 이탈리아는 기원 이후 가톨릭이 시작된 국가다. 2021년 기독교 인구가 84.4%다.

로마는 BC 753년부터 시작된 도시다. 로마는 고대 로마제국과 로마 가톨릭의 중심지, 르네상스 도시, 이탈리아 수도로 변화되어 왔다. 밀라노는 경제 중심지로, 피렌체는 르네상스의 본고장으로, 베네치아는 운하도시로, 나폴리는 항구도시로 발달해 왔다. 교황청 바티칸 시국은 세계 가톨릭의 중심지다.

스페인어는 세계적으로 543,000,000명이 사용하는 세계 4위 언어다. 2021년 기준으로 1인당 GDP는 30,996달러다. 노벨상 수상자는 8명이다. 스페인은 1492년에 이슬람과의 전쟁에서 승리하여 세운 기독교 국가다. 로마 가톨릭이 58.2%다. 스페인은 1492년 이후 관리해 오던 해외 지역에 가톨릭과 스페인어를 전파했다.

1561년 펠리페 2세 때 톨레도에서 마드리드로 수도를 옮겼다. 스페인의 수도 마드리드와 카탈루냐의 바르셀로나는 스페인적인 생활양식을 담고 있다. 요새도시 톨레도, 알함브라 궁전의 그라나다, 기독교 순례지 산티아고 데 콤포스텔라, 피카소의 고향 말레가, 구겐하임 미술관의 빌바오 등의 도시는 스페인다움을 보여준다.

포르투갈어는 50개 국가에서 258,000,000명이 사용하는 세계 9위 언어다. 2021년 1인당 명목 GDP는 25,065달러다. 노벨상 수상자는 2명이다. 포르투갈은 가톨릭교를 기반으로 나라의 발전을 도모했다. 기독교도는 84.3%다. 포르투갈은 탐험하여 관리했던 해외지역에 가톨릭과 포르투갈어를 심었다.

포르투갈은 1255년 수도를 코임브라에서 리스본으로 옮겼다. 리스본은 1498년 바스쿠 다 가마의 인도항로 개척으로 급성장의 물꼬를 텄다. 1755년 리스본 대지진으로 파괴되었으나 극복했다. 포르투는 15세기 대항해시대 포르투갈 항해의 모항이었다. 도우루 강변에 포루투 와인창고 지역 빌라노바드가이아가 있다.

발칸반도는 유럽의 남동부에 있는 반도다. 아드리아해, 에게해, 흑해에 연해 있다. 발칸반도의 명칭은 불가리아와 세르비아에 걸쳐 있는 발칸산맥에서 나왔다.

고대 그리스는 서양 문명의 발상지였다. 알렉산더 대왕은 발칸반도에서 군사를 일으켜 중·근동을 망라한 알렉산더 제국을 건설했다. 발칸반도는 서로마제국, 동로마제국, 이슬람제국 등이 차례로 지배했다. 오랜 기간 동안 끊임없이 외세에 시달리면서 갈등을 겪었다. 발칸반도에서 터진 쟁패 가운데 제1차 세계대전과 유고슬라비아 전쟁은 대표적인 갈등 사례다.

그리스어와 라틴어가 발칸반도 언어에 영향을 미쳤다. 발칸반도 여러 나라는 각 나라마다 독자적인 모국어를 사용하면서 민족적 정체성을 지키고 있다.

발칸반도 각 나라의 1인당 GDP는 2021년 기준으로 코소보의 4,856달러로부터 슬로베니아의 28,104달러까지 다양하다. 노벨상 수상자는 크로아티아가 2명, 슬로베니아가 1명, 불가리아가 1명이 있다.

발칸반도는 정교회, 이슬람교, 가톨릭교가 공존하는 지역이다. 330년경부터 시작한 동(東)로마제국은 1천 여년의 발칸 지배 동안 동로마제국의 종교인 동방정교를 전파했다. 1453년 발칸반도에 등장한 오스만 제국은 4백여 년 동안 이슬람 교를 심었다. 로마와 지리적으로 가까운 발칸반도에는 로마 가톨릭교가 전파되었다. 정교회를 믿는 사람은 그리스, 세르비아, 몬테네그로, 북마케도니아, 불가리아 등에 많이 산다. 이슬람교 신도는 코소보, 알바니아, 보스니아 헤르체고비나에 다수 거주한다. 가톨릭교도는 크로아티아와 슬로베니아에 집중되어 있다.

『세계도시 바로 알기』 YouTube 강의를 계속하도록 배려해 준 서울 성북구 소재 예닮교회 서평원 담임목사님께 감사드린다. YouTube 방송을 관장하시고 편집에 도움을 주신 예닮교회 이경민 목사님께 고마움을 표한다. 사랑과 헌신으로 내조하면서 원고를 리뷰하고 교정해 준 아내 이화여자대학교 홍기숙 명예교수님께 충심으로 감사의 말씀을 드린다. 원고를 리뷰해 준 전문 카피라이터 이원효 고문님께 고마운 인사를 드린다. 특히 본서의 출간을 맡아주신 박영사 안종만 회장님과 정교하게 편집과 교열을 진행해 준 배근하 편집과장님에게 깊이 감사드린다.

2021년 12월

권용우

차례

# IV 남부유럽

본서에서 다루는 남부유럽은 이탈리아, 스페인, 포르투갈, 그리고 발칸반도의 여러 나라들이다. 발칸 반도 국가는 그리스, 크로아티아, 슬로베니아, 보스니아 헤르체고비나, 세르비아, 몬테네그로, 코소보, 북마케도니아, 알바니아, 불가리아 등이다.

IV

# 남부유럽

12 이탈리아 공화국

13 스페인 왕국

14 포르투갈 공화국

✦ 발칸반도 ✦

15 그리스 공화국

16 크로아티아 공화국

17 슬로베니아 공화국

18 보스니아 헤르체고비나

19 세르비아 공화국

20 몬테네그로

21 코소보 공화국

22 북마케도니아 공화국

23 알바니아 공화국

24 불가리아 공화국

TRENTINO-ALTO
ADIGE
SÜDTIROL
FRIULI-
VENEZIA
GIULIA
TRENTO
TRIESTE
AOSTA
VALLEY
AOSTA
LOMBARDY
VENETO
VENICE
MILAN
TURIN
EMILIA-
ROMAGNA
PIEDMONT
BOLOGNA
GENOA
MARCHE
FLORENCE
ANCONA
TUSCANY
PERUGIA
UMBRIA
L'AQUILA
ABRUZZO
MOLISE
ROME
LAZIO
CAMPOBASSO
APULIA
BARI
CAMPANIA
NAPLES
POTENZA
BASILICATA
SARDINIA
CALABRIA
CATANZARO
CAGLIARI
PALERMO
SICILY

12

# 이탈리아 공화국

## 고대 로마와 르네상스

그림 1 **이탈리아 국기**

이탈리아 국기는 녹색, 흰색, 빨강색으로 된 삼색기(Il Tricolore)다. 삼색이 세로로 그려져 있다. 1789년 프랑스 혁명에서 사용했던 3색기의 영향을 받아 1848년에 처음으로 제정되었다. 녹색은 평화를, 흰색은 신뢰와 순수를, 빨강색은 사랑을 뜻한다.그림 1

# 01 고대 로마

고대 로마는 로마 왕국 건국부터 서로마제국 멸망까지를 말한다. 로마 왕국은 BC 753년에 건국되었다. 서로마제국은 476년에 멸망했다. 그 사이 기간은 1,229년간이다. 476년 이후 동로마제국이 멸망한 1453년까지의 기간을 중세(中世)로 간주하기도 한다.

로마의 건국신화는 쌍둥이 아들 로물루스(Romulus)와 레무스(Remus)가 출생하면서 시작된다. 마르스와 레아 실비아 사이에 난 쌍둥이다. 마르스는 전쟁의 신(神)이다. 아들 형제는 바구니에 담겨 테베레 강에 띄워진다. 두 아들은 늑대의 젖을 먹으면서 팔라티노 언덕 동굴에서 자랐다. 이들은 함께 로마를 건국한다. 그러나 권력 다툼이 일어난다. 로물루스가 레무스를 죽이고 왕이 된다. 로물루스가 왕이 된 때가 BC 753년이고 이 해를 로마건국으로 본다. Roma는 초대 왕 Romulus의 이름에서 유래했다.그림 2

그림 2 **로마 건국 신화의 로물루스와 레무스**

고대 로마는 BC 7세기경 왕정체제의 도시국가로 성장했다. BC 500년경에 귀족과 평민 계급의 공화정이 수립됐다. 로마는 BC 272년 포 강(Po River) 이남에서 최남단까지 영토를 확장했다. 이후 150여 년간 정복전쟁으로 갈리아, 카르타고 등을 복속시켜 지중해 전역을 제패했다.

로마는 공화정이 몰락하면서 소수 귀족에게 권력이 옮겨졌다. 율리우스 카이사르가 공을 세웠다. Julius Caesar는 BC 100년부터 BC 44년까지 활동했다. 그는 평민 노선에 섰다. 로마는 BC 60년대말에서 BC 50년대까지 카이사르, 크라수스, 폼페이우스 3인이 삼두정치로 다스렸다. 카이사르는 BC 58-BC 52년의 기간 중 갈리아를, BC 55년에 브리타니아를 점령했다. BC 47년 터키 폰토스 전쟁에서 승리했다. 이때 로마에 "왔노라, 보았노라, 이겼노라(Veni, Vidi, Vici)"의 승전보를 보냈다. 그사이 크라수스가 전사했다. 카이사르는 원로원의 지지를 받는 폼페이우스와 싸울 수밖에 없었다. BC 49년 카이사르는 갈리아 원정에서 돌아오면서 루비콘 강을 건너 로마로 진군했다. 그는 강을 건너면서 '주사위는 던져졌다.'는 말을 했다. 내전으로 치달았으나 카이사르의 승리로 마무리됐다. 권력의 정점에 선 그는 사회·정치적 개혁

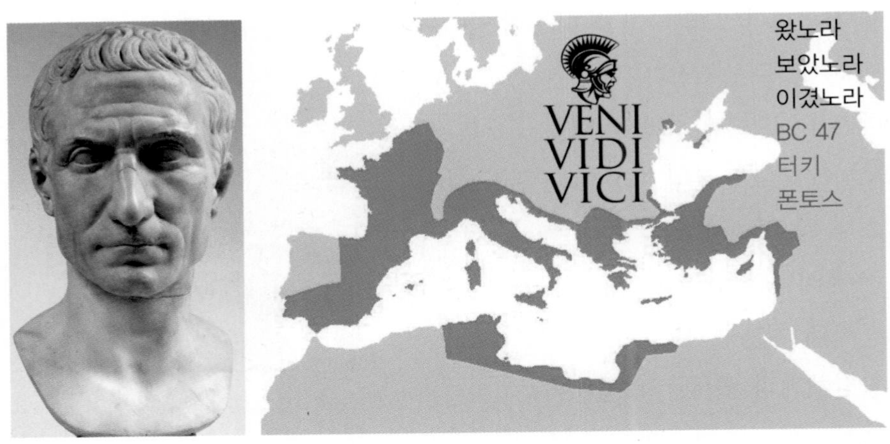


그림 3 율리우스 카이사르와 카이사르 이후의 로마 영토 BC 40

을 단행하고 중앙집권화를 도모했다. 그러나 BC 44년 브루투스가 이끄는 일단의 원로원 의원들이 공화정을 복고하고자 카이사르를 암살했다.그림 3

또 다시 내전이 터졌다. 이 내전은 카이사르의 양자인 옥타비아누스가 평정했다. BC 27년 옥타비아누스는 제1대 로마 황제로 추대됐다. 그는 아우구스투스(Augustus) 시대를 열었다. BC 27년 원로원이 아우구스투스를 기려 이탈리아 Rimini(리미니)에 아우구스투스 개선문을 세웠다. 아우구스투스가 집권한 BC 27년부터 5현제 시대 마지막 황제인 아우렐리우스(Aurelius)가 끝나는 180년까지 200여 년 기간을 Pax Romana 또는 로마의 평화시대라 한다. 팍스 로마나 시대에 로마 문화가 만개했다.

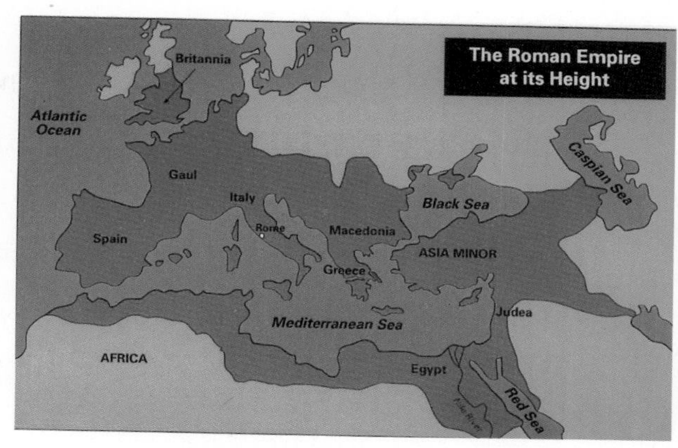

그림 4 **트라야누스 시대의 로마 제국 117**

117년 트라야누스((Traianus) 황제 시대 때 로마 제국은 최대 영토를 구축했다. 동으로는 카프카스 지방까지, 서로는 포르투갈의 대서양 연안까지, 남으로는 아프리카 수단까지, 북으로는 스코틀랜드까지 이르렀다. 면적은 미국 면적의 60% 정도에, 인구는 미국 인구의 절반으로 추산되었다.그림 4

313년 콘스탄티누스 1세는 밀라노칙령으로 기독교를 공인했다. 그러나 교황 선출문제로 서로마와 동로마로 분할됐다. 서로마는 이민족의 침략과 내부적 요인으로 476년에 멸망했다. 서로마 멸망 후 서유럽에는 프랑크 왕국과 신성 로마제국 등이 등장했다. 동로마는 비잔틴 제국으로 발전했다. 그러나 1453년 이슬람 세력인 오스만 투르크가 동로마 비잔틴제국 수도 콘스탄티노플을 점령했다. BC 753년부터 1453년까지 유지되었던 고대 로마, 서로마제국, 동로마제국들의 로마시대는 끝났다.그림 5

고대 로마는 라틴족과 사비니 족에 의해 건국되었다. 그러나 다민족 정책으로 큰 나라를 만들었다. 고대 로마의 법과 제도, 문화는 유럽과 현대사회에도 적지 않은 영향을 미쳤다.

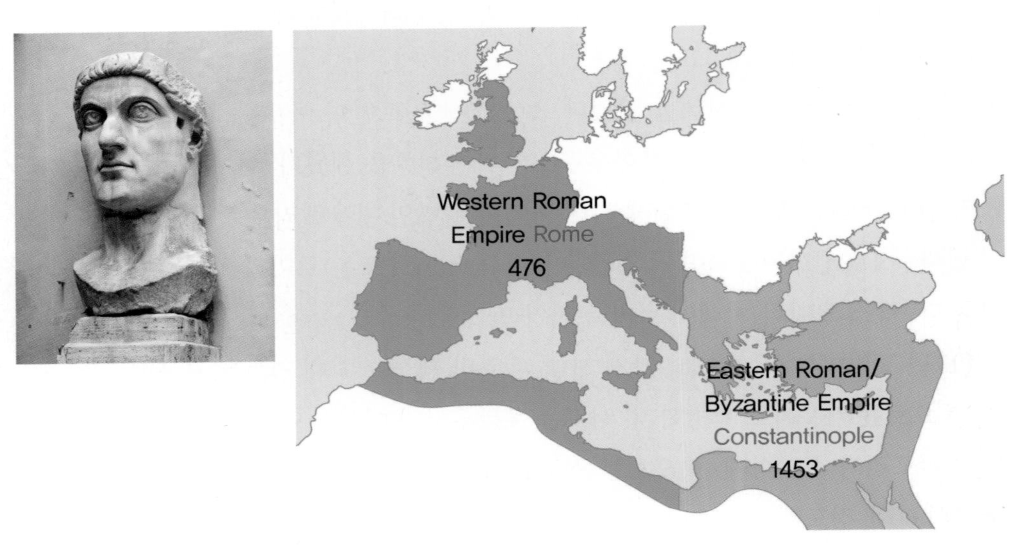


그림 5 **콘스탄티누스 1세 313 밀라노칙령과 서로마제국, 동로마제국 멸망한 해**

# 02 이탈리아 전개과정

이탈리아(Italia, Italy) 공식 국명은 이탈리아 공화국(Repubblica Italiana, Italian Republic, 이태리, 伊太利)이다. 지중해 중앙부에 위치한다. 이탈리아의 국토 면적은 301,340km$^2$이고 인구는 2020년 기준으로 60,317,116명이다. 이탈리아 반도와 시칠리아섬, 샤르데냐 섬 등으로 구성되어 있다. 이탈리아 영토 안에 바티칸 시국이 있다.

이탈리아는 476년 서로마 제국의 멸망 후 국토가 분열되었다. 북부는 여러 도시 국가들로 나뉘었다. 중부는 교황령으로 남았다. 남부는 나폴리 왕국이 들어섰다. 이탈리아는 서로마 제국 멸망 후 1,400여 년간 여러 국가가 할거한 상태였다.

빈 체제가 시작된 1815년부터 보불전쟁이 끝난 1871년까지 이탈리아에서는 리소르지멘토(Risorgimento) 통일운동이 일어났다. 리소르지멘토는 대로마시대의 부활을 내세웠다. 이탈리아반도를 하나로 묶어 이탈리아 통일국가로 세우자는 운동이었다. 1800-1831년 사이 농민·시민·기업인·지식인 등이 모여 카르보나리당(Carbonari)을 꾸려 합스부르크 빈(Wien) 체제에 항거했다. 통일운동은 북이탈리아의 사르데냐 왕국을 중심으로 뭉치자는 쪽으로 흘러갔다. 사르데냐 왕국은 에마누엘레 2세가 통치했다.

1860년 가리발디(Giuseppe Garibaldi)는 붉은 셔츠 군단(軍團)을 이끌었다. 그

그림 6 **에마누엘레 2세와 주세페 가리발디**

는 시칠리아 섬과 나폴리를 점령해 사르데냐 국왕에게 넘겼다. 1861년 이탈리아 왕국 탄생이 선포됐다. 사르데냐의 수상 카보우르(Cabour)는 '이제는 이탈리아인이 이탈리아를 창조할 차례다.'라고 천명했다. 이탈리아인은 라틴계의 일족이다. BC 1천년 경부터 이탈리아에 살았었으나 로마인에 짓눌려 살아 왔던 터였다. 작곡가 베르디(Verdi)는 음악으로, 펠리코(Pellico)는 시로 이탈리아인들의 단결과 통일을 호소했다. 이탈리아인들은 VERDI(Viva Vittorio Emanuele Re D'Italia)를 외치면서 에마누엘레 2세 국왕을 연호했다. 이탈리아 왕국 초대 국왕으로 사르데냐 국왕 에마누엘레 2세가 추대되었다. 1866년 가리발디는 베네치아에서 오스트리아군을 몰아냈다. 1870년에 로마 교황령은 이탈리아 국민군에 항복하여 이탈리아에 병합되었다.그림 6

왕국 탄생 이후 이탈리아 사회는 요동쳤다. 그람시(Antonio Gramsci)는 사회주의와 공산주의를 새로운 통치 패러다임으로 내세웠다. 이에 반해 무솔리니(Benito Mussolini)는 국가 파시스트당을 만들어 제국주의 정책을 취했다. 무솔리니는 파시즘을 기치로 제2차 세계대전에 참전했으나 패했다.그림 7 1946년 이탈리아는 공화국

그림 7 **이탈리아의 그람시와 무솔리니**

여부를 묻는 국민투표를 실시했다. 국민들이 54.27%로 공화국을 지지했다. 공화국이 결정된 1946년 6월 2일은 국경일이 되었다. 1948년 이탈리아 공화국 헌법이 발효되었다. 1583년에 완공되어 왕궁(palazzo del quirinale)으로 사용했던 곳에 1946년 대통령 관저가 들어섰다.그림 8 이탈리아의 대통령 관저, 국회의사당, 대법원 등은 로마에 있다. 1861-1946년 기간의 이탈리아 왕국은 1946년 이탈리아 공화국으로 바뀌어 새롭게 출범했다.

이탈리아는 11세기부터 수공업의 장인층과 장거리 무역의 상인층이 등장했다. 이들은 각지에 도시를 세워 근세 이탈리아 상공업의 기틀을 마련했다. 이는 지방분권과 자급자족을 기본으로 한 사회적 특성으로 발전했다. 각 지역공동체에 수십인 규모의 중소기업이 들어섰다. 각 기업은 협동조합으로

그림 8 **이탈리아 대통령 관저**

경제를 운영했다. 이는 농업·건축·생협·주택 분야의 이탈리아 협동조합 활동으로 발전했다. 중소기업과 협동조합의 협동경제 모델은 볼로냐의 에밀리아 로마냐(Emilia-Romagna)가 돋보인다. 15,000여 개의 협동조합이 활동하고 있다. Ferrari(페라리), Ducati(두카티), Lamborghini(람보르기니), Maserati(마세라티) 등 고가의 자동차 본사나 공장이 이곳에 있다. 페라리는 자동차 레이싱 Formula One(포뮬러 원)에 엔진을 공급한다. 각종 기계, 세라믹, 식품, 의류, 관광산업 등이 협동조합을 통해 성과를 올리는 곳이 이탈리아다.

전지 배터리 발명가 Volta(볼타), 물리 천문 과학자 Galileo Galilei(갈릴레오

갈릴레이), 장거리 무선통신 발명가 Marconi(마르코니), 세계 최초의 핵융합로 Chicago Pile(시카고 파일)을 개발한 핵설계자 Enrico Fermi(엔리코 페르미) 등이 이탈리아 출신이다.그림 9 이탈리아 노벨상 수상자는 1906-2021년까지 거의 전분야에 걸쳐 21명이 수상했다. 마르코니(1909)와 페르미(1938)는 물리학 노벨상을 받았다.

이탈리아의 명목 GDP는 세계 8위다. G7의 일원이다. 2021년 1인당 명목 GDP는 34,997달러다. 기계, 엔지니어링, 자동차, 화학, 제약, 식품, 가구 등이 주요 수출품이다. 페라리, 람보르기니 등 자동차, 토체스, 비스트, 비앙키 등 스포츠 용품, 핀칸티에리 크루즈 선박, 스메그 등 가전제품은 이탈리아 제조업의 상징이었다. 이탈리아는 세계 최대 와인 생산지다. 토스카나와 유네스코 세계문화유산인 랑에-몬페라토 피드몬트는 유명 와인 산지다.

관광산업과 패션산업이 발달했다. 2019년의 이탈리아 유네스코 세계유산은 55곳이다. 소렌토(Sorrento)는 나폴리 아말피 해안에 있는 휴양지다. 가곡 『돌아오라 소렌토로 *Torna a*

그림 9 **갈릴레오 갈릴레이와 엔리코 페르미**

*Sorrento*』로 유명하다. 카프리(Capri) 섬은 나폴리에 딸린 섬이다. 소렌토 반도 앞바다에 있다. 섬에는 해식동굴인 푸른 동굴(Blue Grotto, Grotta Azzurra)이 있다.그림 10 프라다, 펜디, 구찌, 에트로, 페라가모, 미우미우 등의 패션 브랜드는 이탈리아에서 시작되었다. 이탈리아 패션산업은 11세기부터 출발해 르네상스 시대에 이르러 개화했다.

이탈리아는 기원 이후 가톨릭이 시작된 국가다. 2021년 이탈리아 종교분포는 가톨릭 79.2%, 정교회 3.5%, 개신교 0.3%, 기타 기독교 1.4% 등 기독교가 84.4%다. 이슬람교, 유대교, 불교 등이 각 1% 미만이다.

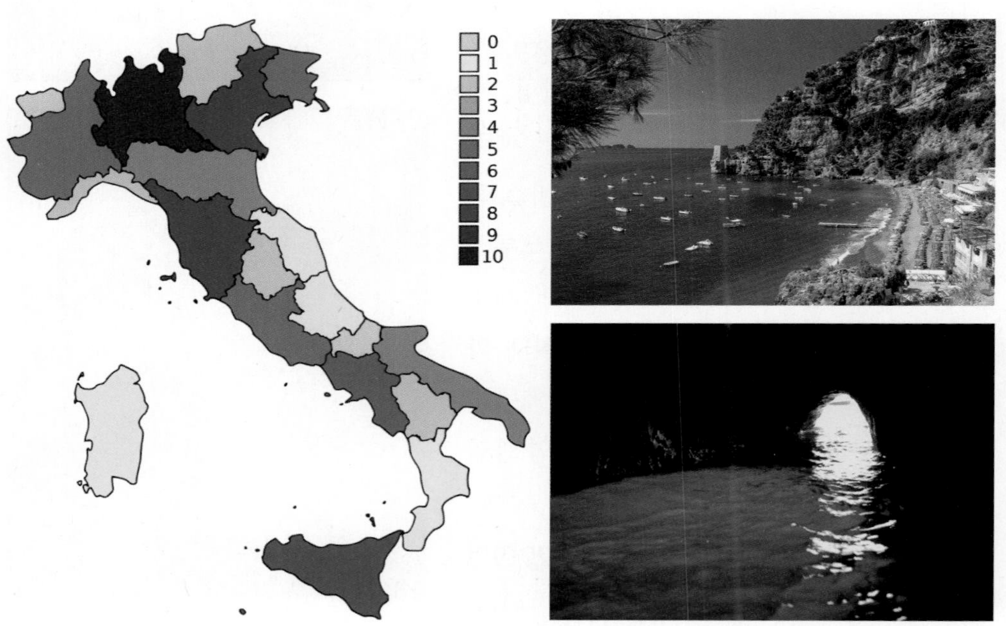


그림 10 **이탈리아 유네스코 세계문화유산 55곳, 소렌토, 푸른 동굴**

# 03 이탈리아 르네상스

르네상스(Renaissance)는 '다시(re) 탄생(naissance)한다'는 뜻이다. 14세기에서 16세기에 펼쳐진 문예부흥 운동이다. 신(神) 중심사상과 봉건제도에서 벗어나 인간중심(humanism)의 패러다임으로 바꾸자는 움직임이다.

초기 르네상스인으로 작가 단테, 화가 조토, 법률가 바르톨루스 등이 주목받았다. 이탈리아 피렌체 출신 Dante(단테 알리기에리)는 『신곡』, 『향연』, 『신생』 등의 작품으로 르네상스의 문을 열었다고 인정받았다. 그의 대표작 『신곡, 神曲, *La Divina Commedia*』(1308-1321)은 저승 세계 여행을 주제로 쓴 서사시다. 단테가 사용한 「교양 있는 사람들이 두루 쓰는 토스카나 말」은 이탈리아 표준어가 되었다. 이런 공적으로 단테는 「이탈리아어의 아버지」라는 명성을 얻었다.그림 11 페트라르카(Petrarca, 1304-1374)는 한니발을 격파한 스키피오 찬미 장시(長詩)『아프리카』(1341)로 로마에서 계관시인(桂冠詩人)이 되었다. 그는 인간

그림 11 단테 알리기에리와 『신곡』 (神曲 1308–1321)

그림 12 **이탈리아 5개 주요 도시 국가 1450–1527**

중심의 문예 활동을 펼쳐 「인문주의의 아버지」라고 평가받았다.

르네상스가 이탈리아에서 시작된 데에는 몇 가지 요인이 있다. 첫째는 지리적 요인이다. 이탈리아는 지리적으로 지중해 한복판에 있어 유럽으로 가는 교두보이자 가교였다. 둘째는 경제적 요인이다. 12세기부터 이탈리아의 각 도시는 지중해 해적을 소탕해 경제적 부를 쌓았다. 부유한 경제인들은 예술가, 철학자, 인문학자, 수학자들을 후원했다. 셋째는 정치사회적 요인이다. 여러 도시국가는 자치권을 확보해 독자적으로 새로운 문화를 창출할 수 있었다. 넷째는 문화적 요인이다. 이탈리아는 고대 로마시대의 문화적 유산과 비잔틴제국 문화의 교류 장소였다.

르네상스는 이탈리아 5개 주요 도시 국가인 피렌체, 밀라노, 베네치아, 나폴리, 로마 교황령 등에서 전개되었다. 르네상스는 1450-1527년까지 최전성기(high renaissance)를 이뤘다.그림 12

피렌체 공화국은 르네상스가 시작된 도시국가였다. Medici(메디치) 가문이 1434년부터 Firenze(피렌체)를 다스렸다. 메디치 가문은 1230-1737년의 507년간 존속했다. 1469년 메디치家의 로렌초(Lorenzo)는 레오나르도 다빈치, 미켈란젤로, 보티첼리 등을 후원하여 르네상스를 꽃피우게 했다. 그는 아흐

그림 13 **피렌체 메디치 가문의 로렌초와 우피치 갤러리**

리콜라, 기셀린, 이자크 등의 음악가도 지원했다. 이러한 문예 후원활동으로 그는「위대한 로렌초」로 불렸다. 우피치(Uffizi) 미술관은 이탈리아 르네상스 걸작품이 소장되어 있는 미술관이다. 메디치가의 관청으로 지었던 건물이다. 우피치는 가문의 마지막 후손이 피렌체에 기증하여 미술관 건물이 됐다. 우피치는 '관공서(office)'라는 뜻이다. 1765년에 개방했으며 1865년 박물관으로 바뀌었다.그림 13 보티첼리의 『비너스의 탄생』(1484-1486), 그림 14 미켈란젤로의 『성 가족』, 레오나르도 다 빈치의 『성모영보』, 『동방박사의 예배』, 라파엘로의 『레오 10세의 초상』 등이 소장되어 있다.

그림 14 **보티첼리의 『비너스의 탄생』 (1484–1486)**

그림 15 **밀라노의 프란체스코 스포르차와 스포르차 성 15세기**

밀라노 공국(Duchy of Milan)에서는 1450년 Sforza(프란체스코 스포르차)가 영주가 되어 1466년까지 다스렸다. 스포르차 가문(Sforza Family)이 다스리던 1535년까지 밀라노는 전성기를 누렸다.그림 15

베네치아 공화국(Republic of Venice)은 15세기 언론과 표현의 자유를 보장하면서 많은 예술가들이 베네치아로 몰려왔다. 베네치아는 후기 르네상스 중심지가 되었다. 1600년 전후에 활동했던 성 마르코 대성당 오르간 주자인 가브리엘리는 베네치아 르네상스 음악을 만개시켰다.그림 16

그림 16 **가브리엘리와 이탈리아 베네치아 성 마르코 성당**

그림 17 **이탈리아 로마의 성 베드로 대성당 1506–1626**

나폴리 왕국(Kingdom of Naples)은 이탈리아 항해 도시로 발전하면서 15세기 르네상스의 전성 지역이 되었다. 로마 교황령(Papal States)은 15세기부터 예술가들에게 교회의 건축, 미술, 조각을 맡기며 창작을 장려했다. 성 베드로 대성당은 베드로의 무덤 위에 세워진 성당이다. 성당 입구 좌우에 베드로와 바울의 동상이 있다. 입구 위에 '너는 베드로다'는 말이 새겨 있다.그림 17

르네상스 시대에 세 사람의 활동이 두드러졌다. 첫째는 레오나르도 다빈치다. Leonardo da Vinci는 1452년부터 1519년까지 활동했다. 그는 예술과 철학 등 여러 분야를 망라하는 대표적 르네상스인이다. 15세 때 피렌체로 가서 아버지 친구인 베로키오에게 미술을 배웠다. 30세에 밀라노로 이주해 17년간 활동했다. 그는 1495-1498년에 걸쳐 『최후의 만찬』을 도미니코 수도회의 산타 마리아 델레 그라치에 성당의 부속식당 벽에 그렸다. 이는 유네스

그림 18 **레오나르도 다 빈치와 『모나리자』** (1503–1506)

코 세계 유산이다. 루브르 박물관에 있는 『모나리자』는 1503-1506년간에 만들어진 작품이다.그림 18, 19

둘째는 미켈란젤로 부오나로티(1475-1564)다. Michelangelo(미켈란젤로)는 피렌체 메디치 가문 로렌초 공의 조각 학교에서 조각과 인체 연구에 전념했다. 그는 『다비드 *David*』(1501-1504) 『피에타 *Pietà*』(1498-1499) 등에서 힘 있고 감정이 살아 있는 걸작을 남겼다.그림 20 그는 『천지창조』(1508-1512)를 시스타나 소성당 천장에, 『최후의 심판』(1534-1541)을 시스타나 성당 벽에 그려 넣었다.

그림 19 **레오나르도 다 빈치의 『최후의 만찬』** (1495–1498)

그림 20 **미켈란젤로와 『다비드』 (1501–1504)**

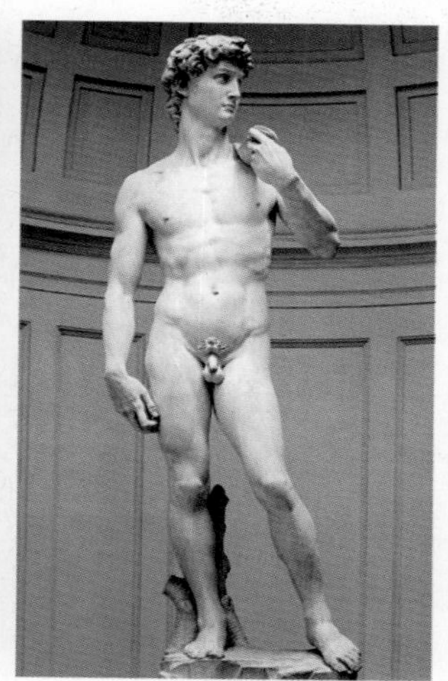

셋째는 라파엘로 산치오(1483-1520)다. Raffaello(라파엘로)가 그린 바티칸 사도 궁전의 벽화인 『감옥에서 구출되는 성 베드로』(1514)는 구성과 빛의 묘사가 돋보인다는 평가를 받는다. 프레스코 화(畵)로 된 『아테나 학당』(1509-1511) 그림 안에는 플라톤과 아리스토텔레스 등 54명의 철학자가 그려져 있다. 인문학적 사상을 기초로 한 르네상스의 기본 정신을 보여줬다는 평가를 받았다.그림 21

그림 21 **이탈리아의 라파엘로와 『아테나 학당』 (1509–1511)**

그림 22 **브루넬레스키의 피렌체 대성당**

1436년에 건축가 브루넬레스키(Brunelleschi)가 올린 피렌체 대성당의 돔, 보티첼리가 그린 『비너스의 탄생』, 『시스타나 성당의 성가대』 등은 르네상스 문예활동의 정수로 거론된다. 피렌체 대성당의 실외는 초록색의 윤곽선과 하얀색과 분홍색의 대리석 판으로 마감되어 있다.그림 22

1525년 이탈리아 파비아 전투에서 프랑수아 1세가 합스부르크의 카를 5세에게 격멸됨으로써 르네상스 운동은 치명타를 입었다. 패전으로 이탈리아는 사실상 합스부르크의 지배하에 놓이게 되었다. 로마에 세워진 르네상스풍(風) 건물이 궤멸되는 「로마 약탈」이 벌어졌다. 1527년 카를 5세 군대가 당시 교황 클레멘스 7세를 징벌하는 과정에서 로마 시내를 무차별적으로 약탈하고 파괴하는 「로마 약탈 Sacco di Roma」이 벌어진 것이다. 교황령 역사상 최악의 수난이자 굴욕이었다. 「사코 디 로마」는 이탈리아 르네상스를 종결시키는 대사건으로 이어졌다. 징벌당한 클레멘스 7세는 미켈란젤로에게 시스타 성당 벽에 『최후의 심판』을 그리도록 명하는 지경에 이르렀다. 그림 23

르네상스는 알프스 이북으로 넘어갔다. 알프스를 넘어간 르네상스 운동은 네덜란드, 독일, 프랑스, 스페인으로 흘러 들어가 발전했다. 개방적이고 상공업이 발전했던 네덜란드에서는 문예부흥이 활발히 전개됐다. 『우신예찬』을 쓴 작가 에라스무스, 『바벨탑』(1563), 『농부의 결혼식』(1566-1569)을 그린 화가 피터 브뤼겔(Pieter Bruegel) 등이 활동했다. 그림 23 문예부흥 운동의 인문주의자들은 종교개혁에도 영향을 미쳤다. 18세기에는 몽테스키외, 루소, 괴테로, 19세기에는 니체, 톨스토이 등으로 문예부흥의 기운이 이어졌다.

그림 23 1527년 『로마 약탈』과 네덜란드 브뤼겔의 『바벨탑』 (1563)

그림 24 **이탈리아 로마의 역사지구**

# 04 이탈리아 주요 도시

## 오래된 수도 로마

로마(Roma)는 이탈리아 수도다. 테베레강에 연해 있다. 바닷가와 가깝지만 항구도시는 아니다. 테베레 강을 통해 바다와 연결된다. 로마시의 면적은 1,285km$^2$이며, 인구는 2019년 기준으로 2,860,009명이다. 2019년 로마 대도시권 인구는 4,342,212명이다. 로마는 세계의 머리 또는 영원한 도시라는 명성을 얻었다. 서양문명을 대표했다는 의미다. BC 753년 전부터 시작됐다. 고대 로마, 교황령의 수도, 이탈리아 왕국과 이탈리아 공화국의 수도로 이어져 왔다.

로마는 테베레 강 동쪽 7개의 야트막한 언덕 아래 세워졌다. 팔라티노 언덕(Palatino, Palatine Hill)은 7개 언덕의 중심이다. BC 753년 로물루스・레무스 건국 시조의 유적지였다고 한다. 아우구스투스 황제 때부터 이곳에 궁전이 세워졌다. 40m 높이 정도인 팔라티노 언덕에서 내려다보면 '가장 큰 운동장'이란 뜻의 서커스 막시무스가 보인다. 고대 로마에서 전차 경기장이나 엔터테인먼트 장소로 쓰였다. 지금은 공공공원으로 활용된다. 로마 역사지구의 핵심은 포로 로마노와 콜로세움이다.그림 24 대통령 관저인 퀴리날레 궁은 일곱 언덕 가운데 제일 높은 퀴리날레 언덕 위에 있다.

그림 25 이교도신사(異教徒神社)에서 본 포로 로마노

그림 26 로마 팔라티노 언덕에서 본 포로 로마노의 건물 이름

로마는 언덕 사이의 습지를 메워 고대 로마의 중심 시가지로 만들었다. 이것이 포로 로마노(Foro Romano, Roman Forum)다. 고대 로마 때 대부분의 도시에는 forum(포럼)이라는 광장이 있었다. 포럼은 정치와 종교 활동의 중심지였다. 포로 로마노는 수도 로마에 개설된 최초의 포럼으로 가장 중요한 장소였다. 원로원, 의사당, 신전 등 공공기관과 함께 시민들의 생활시설이 구비되어 있었다.그림 25, 26

콜로세움(Coliceo, Colosseum)은 로마의 상징으로 타원형 원형극장이다. 석회암, 응회암, 벽돌 모양의 콘크리트로 지어졌다. 70-96년 사이에 건설했다. 검투 대회, 모의 해전, 동물 사냥, 사형 집행, 신화의 재현 등으로 쓰였다. 중세 때 사용이 중단됐다가, 주택, 작업장, 종교용 숙소, 요새 등으로 재사용되었다. 교황은 성 금요일에 콜로세움 주변에서 「십자기의 길」 횃불 행렬을 주관한다.그림 27

그림 27 **이탈리아 로마의 콜로세움 70-96**

트레비(Trevi) 분수는 전쟁에서 돌아온 로마 병사들에게 물을 준다는 처녀의 샘을 수원(水源)으로 하고 있다. 이는 1453년에 만들었다. 1762년 바로크 양식으로 폴리궁전 앞에 재단장해 설치했다. 해신 포세이돈과 말, 포세이돈의 아들인 트리톤 상이 있다.그림 28

판테온은 '신전(神殿)'이라는 뜻이다. 125년 하드리아누스 황제 때 고대 로마 신들을 받들기 위해 재건했다. 7세기 이후 로마 가톨릭 교회의 성당으로 사용했다.

가톨릭의 중심인 로마에는 가톨릭 대성당이 많다. 성모 마리아 대성당, 라테라노 대성당, 성 베드로 대성당, 성 밖 성 바오로 대성당 등이 있다. 고대 기독교인과 유대인들의 지하묘지인 카타콤베(catacombe)가 있다. 로마의 지

그림 28 **이탈리아 로마의 트레비 분수**

하에는 40개 이상의 카타콤베가 있는 것으로 알려졌다.

로마에는 광장 문화가 발달했다. 베네치아 광장, 미켈란젤로의 광장 무늬 작품이 있는 캄피돌리오(Campidoglio) 광장, 나일·갠지스·다뉴브·라플라타 강을 상징하는 4대강 분수가 있는 나보나(Navona) 광장 등이 있다. 스페인(Spagna) 광장은 교황령 시대 스페인 대사관이 있어서 이름이 붙여졌다. 트리니타 데이 몬티 교회로 이어지는 스페인 계단이 있다. '민중의 광장'이라는 뜻의 포폴로(Popolo) 광장이 있다. 레푸블리카 광장(Repubblica)은 1870년 이탈리아 통일을 기리기 위한 공화국 광장이다.

로마 시민들은 도로 사정과 주차문제 때문에 작은 차를 이용한다. 광장에서는 가끔 노래 경연대회가 열린다. 악기가 있는 사람은 누구나 무대에서 경연할 수 있다. 유럽의 대부분 도시에서처럼 로마 건물의 층고는 높지 않다.

## 경제 중심지 밀라노

그림 29 **이탈리아 밀라노와 롬바르디 평원**

밀라노(Milano, Milan)는 포강의 지류인 티치노·아다 하천 사이의 비옥한 롬바르디 평원에 위치하고 있다. 2020년의 경우 181.76km$^2$ 면적에 1,399,860명이 거주한다. 대도시권 인구는 4,336,121명이다.그림 29

처음에는 켈트인이 거주했다. 로마시대에는 메디올라눔(Mediolanum)이라 불리며 번창했다. 374년 성(聖) 암브로시우스 대주교 때 북부 이탈리아 종교 중심지가 되었다. 성 암브로시우스는 밀라노의 수호성인(守護聖人)이다. 11세기에는 성벽이 튼튼한 밀라노로 사람이 몰려 롬바르디아에서 가장 큰 도시가 되었다. 신성로마제국 프리드리히 1세가 침공해 왔으나 1176년에 격퇴했다.

밀라노에서는 직물공업이 발달했다. 11세기부터 패션 산업이 시작됐다. 스포르차 가문 통치 때 밀라노 대성당 건축이 진행되고 운하가 개통되었다. 브라만테, 레오나르도 다 빈치 등의 문인·예술가들이 모여들어 밀라노의 황금시대를 이루었다. 1861년에 이탈리아왕국으로 통일되었다. 경제적 경쟁력 있는 롬바르디아 상인(商人)들은 유럽 각지로 퍼져나갔다.

밀라노의 근대공업은 19세기 후반에 발전했다. 전통적인 섬유공업과 1880년대에 개발된 알프스 산록의 급류를 활용한 수력발전에 힘입어 금속·화학·기계 등의 중화학공업이 발달했다. 산업지역 토리노(튜린)-밀라노(밀란)-제노바가(제노아)는 이탈리아 산업 3각형 지역(Italian Industrial Triangle)이라 불린다. 제2차 세계대전 후 밀라노는 부흥했다. 중앙역을 중심으로 고층건물이 있는 오피스 거리가 들어서고 지하철도 정비되었다. 포르타 누오바(Porta Nuova)는 밀라노의 새로운 비즈니스 지구다. 탄탄한 경제력은 밀라노를 이탈리아의 경제 중심지로 자리 잡게 했다.

밀라노에는 유서 깊은 문화재가 많다. 밀라노 대성당은 밀라노의 상징이다. 밀라노 대성당의 Duomo di Milano로 표기되는 이름에서 Duomo는 '성당'이란 뜻이다. 1386-1965년의 579년간 동안 지어 완성했다. 고딕, 르네상스 등의 다양한 양식이 반영됐다. 바티칸의 성 베드로 대성당, 스페인의 세비아 대성당에 버금간다. 축구장 1.5배로 실내는 4만 명을 수용할 수 있다. 두오모에는 3,159개의 조각상이 있다. 108m의 첨탑 꼭대기에는 마돈니나(Madonnina) 조각상이 있다. 마돈니나는 '작은 성모'라는 뜻이다.그림 30

비토리오 에마누엘레 2세 갤러리아(Galleria)는 1877년 완공된 아케이드 건

그림 30 **비토리오 에마누엘레 2세 갤러리아와 밀라노 성당**

물이다. 이탈리아어로 Galleria는 '두 건물 사이에 천장이 있는 보행자용 길'이라는 뜻이다. 갤러리아 아케이드 안에는 각종 명품관이 있다.그림 30

1872년 밀라노 Piazza della Scala(스칼라 광장)에 레오나르도 다 빈치의 기념비가 세워졌다. 그는 스포르차 가문의 화가로 초빙되어 1482-1499년의 기간 중 밀라노에서 활동했다.『암굴의 성모 *Virgin of the Rocks*』는 1483-1486년 기간에,『최후의 만찬』은 1495-1498년 기간에 제작됐다.

밀라노 라 스칼라 극장은 산타 마리아 델 스칼라 교회 자리에 세웠다. 교회에서 이름을 따왔다. 1778년에 이곳을 다스리던 오스트리아의 여제(女帝) 마리아 테레지아의 명에 따랐다. 1778년 개관기념을 시작으로 베르디, 푸치니 등의 오페라가 초연되었다.

이탈리아는 세계적 패션 브랜드의 국가다. 유명 디자이너들이 대부분 밀라노에 있다. Armani, Prada, Versace, Bottega Veneta, Dolce & Gabbana, Miu Miu, Tod's, Valentino, Ermenegildo Zegna 등이 있다. 밀라노, 파리, 런던, 뉴욕 컬렉션 등이 유명하다. 가구 산업도 발달되어 밀라노 가구박람회가 열린다.

## 르네상스 도시 피렌체

토스카나(Toscana, Tuscany) 주도인 피렌체(Firenze, Florence)는 아르노 강변에 위치해 있다. 102.41km$^2$ 면적에 383,083명이 산다. 대도시권 인구는 1,520,000명이다. 이탈리아 르네상스의 본고장으로 1982년에 유네스코 세계유산이 되었다.

BC 80년 아르노 강가에 병사들의 정착지 플루엔티아(Fluentia)를 세웠다. 플루엔티아는 '흐름'이란 뜻의 플로렌티아(Florentia)로 발전해 도시명이 되었다. 11세기에 피렌체는 85.3km 떨어진 항구도시 피사(Pisa)를 외항으로 활용해 이탈리아 경제·문화 중심지가 되었다. 1152년에는 도시국가인 피렌체 공화국이 수립되었다. 피렌체의 외항이었던 피사에는 185km$^2$에 91,104명이 산다.

그림 31 **이탈리아 피렌체의 베키오 궁전**

1513년 피렌체의 마키아벨리(Machiavelli)는 메디치가의 군주에게 바치는 소책자 『군주론 *Il Principe, The Prince*』을 저술했다. 그는 위대한 군주, 강한 군대, 풍부한 재정이 국가 번영의 핵심이라고 주장했다. 「군주에게 국익을 위해 권한을 줘야 한다」는 마키아벨리즘을 발표해 논쟁을 불러 일으켰다.

1737년 메디치 가문이 단절되었다. 피렌체는 이탈리아 통일과정에서 1865년부터 1870년까지 이탈리아의 수도가 되었다. 제2차 세계대전 때 히틀러는 베키오 다리를 보전하라고 명령했다. 그 결과 피렌체는 많은 문화유적들이 성한 채로 남았다.

베키오 궁전(Palazzo Vecchio)은 1229년 도시 지도자들의 회의 장소로 지은 건물이다. 궁전 앞에 1330년에 건설한 시뇨리아 광장이 있다. 1565년까지 피렌체의 중요한 정치적 모임이 이곳에서 진행되었다.그림 31

베키오(Vecchio) 다리는 '오래된 다리'라는 뜻이다. 홍수로 파괴되었으나 1345년에 아르노 강 위에 재건되었다. 상가 건물이다. 이 다리 근처에서 단테(Dante)가 베아트리체(Beatrice Portinari)를 만났다고 한다. 화가 헨리 홀리데이(Holiday)는 1883년에 단테의 자서전을 토대로 단테와 베아트리체의 만남을 그렸다. 베아트리체는 흰 드레스를 입고 그녀의 친구인 모나 바나(Monna Vanna) 옆으로 걸어가고 여종은 조금 뒤처져 있다.그림 32 피렌체는 단테를 기리기 위해 1960년 단테 기념관을 개관했다.

그림 32 **베키오 다리에서의 단테와 베아트리체의 만남**

그림 33 **여러 지점에서 본 피사의 사탑**

1784년에 설립된 아카데미아 미술관에는 미켈란젤로의 『다비드 *David*』가 있다. 아카데미아 미술관에 있는 미술품은 1300-1600년 기간의 작품이 대부분이다. 럭셔리 브랜드 Gucci는 1921년 구찌가, Salvatore Ferragamo는 1927년에 페라가모가 피렌체에서 설립했다.

피렌체의 외항이었던 토스카나 주의 피사에는 피사의 사탑이 있다. 피사 대성당의 종루(鐘樓)다. 1173년 착공 시에는 수직이었으나 13세기 들어서 탑이 기울어졌다. 1990년 보수공사로 5.5° 기울어진 상태에서 멈추었다. 탑은 지상으로부터 57m 높이로 지어졌다.그림 33

## 운하 도시 베네치아

베네치아(Venezia, Venice)는 베네토 주도다. 베네치아 명칭은 BC 10세기까지 이 지역에 거주했던 베네티(Veneti) 족에서 유래했다. 베네치아는 습지대였다. 6세기경 훈족의 침공을 피해 온 이탈리아 본토 사람들이 이곳에 도시를 건설했다. 697년부터 독자적인 공화제 통치가 시작되었다. 무역도시와 예술 공예로 발전했다. 1866년 이탈리아 왕국에 편입되었다. 운하의 물길이 도로를 대신하는 베네치아를 본받아 운하 형태가 있는 도시를 <○○의 베네치아>로 일컫기도 한다.

2020년 기준으로 414.57km$^2$ 면적에 258,685명이 산다. 이 중 55,000명은 구시가지 역사지구에 산다. 대도시권 인구는 853,761명이다. 베네치아 석호 안쪽의 118개 섬이 400여 개 다리로 이어져 베네치아 원도심을 구성하고 있다. 원도심은 육지에서 3.7km 떨어져 있다. 베네치아 내륙에 신시가지 메스트레(Mestre)가 있다. 메스트레에는 88,552명이 산다. 1926년에 베네치아에 편입되었다. 베네치아는 1987년 세계문화유산으로 선정됐다.

그림 34 **이탈리아 베네치아의 역사지구**

베네치아에서 바닷물은 먹을 수 없고 땅은 진흙이어서 지하수가 나오지 않는다. 이에 빗물을 모아 우물을 만들었다. 오늘날에는 정수 탱크를 이용한다. 밀려드는 관광객, 높은 물가, 생활 불편 증가 등의 연유로 구 시가지를 떠나 신시가지 메스트레 등으로 이주한다. 온난화와 도시 노화로 도시가 침수되는 것을 막기 위해 말뚝을 박는다.

1842년에 개통된 베네치아 메스트레(Venezia Mestre) 역은 신도심에 있다. 1861년에 완공된 베네치아 산타 루치아 역은 베네치아 중앙역이며, 종착역으로 구도심에 있다. 버스정류장인 로마광장과 연계된다. 베네치아 마르코 폴로 공항은 베네치아 북쪽 8km 육지에 있다. 베네치아에서 살았고 『동방견문록』을 집필한 마르코 폴로(Marco Polo)의 이름을 따서 붙였다.

베네치아의 카날 그란데(Canal Grande) 운하는 수상교통의 중심 역할을 해 왔다. 운하의 총길이는 3.8km, 폭은 30-90m다. 운하는 산마르코 광장으로 연계된다. 운하의 대중교통은 수상버스인 바포레토(vaporetto)와 수상택시

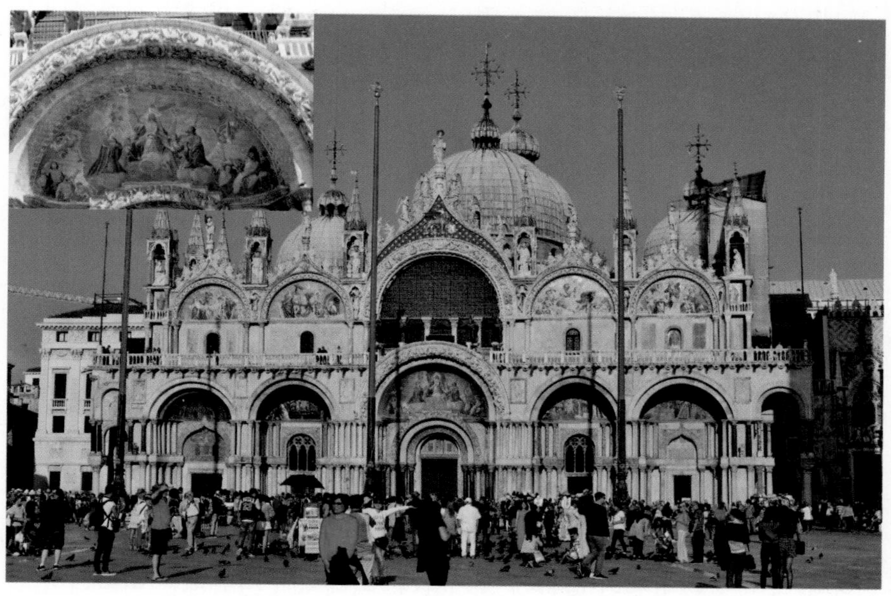

그림 35 **이탈리아 베네치아의 산마르코 대성당**

그림 36 **베네치아의 리알토 다리와 탄식의 다리**

(taxi acquel)가 있다. 관광객은 주로 곤돌라(gondola)를 이용한다.

베네치아 역사지구를 공중에서 보면 카날 그란데 물길이 흐르고 산 마르코 성당과 광장이 드러난다.그림 34 산마르코 광장은 단순히 광장이라고도 한다. 산마르코 광장이 연장된 피아제타(la Piazzetta)는 '작은 광장'이라는 뜻으로 남동쪽에 있다. 산마르코 광장은 피아제타 광장과 함께 베네치아의 중심지다. 광장 한쪽 면이 바다다. 산 마르코 광장의 종탑은 벽돌을 쌓아 만들었다. 높이 98.6m다. 9세기에 선착장의 등대로 세웠다. 베네치아에서 겨울에 일어나는 홍수를 「아쿠아 알타」라고 한다. 광장 북쪽에 1499년 세운 시계탑이 있다. 지구 주변을 달, 태양, 온 우주가 도는 천동설을 채택한 천문시계다.

1092년 축성된 산마르코(San Marco) 대성당은 비잔틴 건축 양식이다. 가톨릭 성당으로 성 마르코에게 봉헌되었다. 이슬람교도의 감시를 피해 알렉산드리아에서 빼돌린 마르코의 유골이 모셔져 있다. 금박 모자이크로 벽면이 장식되어 황금의 교회라는 별칭을 얻었다. 정문 상단의 벽화에는 예수의 행적이 그려져 있다.그림 35

두칼레 궁전은 1340년에 베네치아 국가원수의 주거지로 건설됐다. 1923년에 박물관으로 바뀌어 일반에 공개됐다. 베네치아 사육제는 이탈리아 최대 축제다. 가면과 의상이 화려한 가면 축제다. 바다에 배를 띄우고 펼치는 사육제 행사는 장관이다.

1591년에 완공된 리알토 다리는 상가 건물이다. 대리석으로 된 탄식의 다리는 1603년에 만들어졌다. 탄식의 다리라는 이름은 감방에 갇히기 전에 죄수가 탄식하며 바깥 경치를 본다고 해서 붙였다 한다.그림 36 1720년에 개업한 카페 플로리안은 광장 남쪽의 프로쿠라티에 누오베 건물에 입점해 있다. 이탈리아에서 가장 오래된 카페다.

## 항구 도시 나폴리

나폴리(Napoli, Naples)는 캄파니아 주도다. 119.02km$^2$ 면적에 967,068명이 산다. 대도시권 인구는 3,115,320명이다. 소렌토와 카프리 섬이 나폴리와 연해 있다. 옛 시절에는 '신도시'라는 뜻의 Neapolis로 불렸다. 나폴리 사람들은 스스로를 Neapolitan이라고도 한다. 나폴리는 베수비오 화산의 서쪽 완사면에 위치해 있다. 아열대산 오렌지 가로수가 모래 해안과 어우러져 아름답다.그림 37

그림 37 **이탈리아 나폴리**

그림 38 **이탈리아 나폴리의 로마 관문로 스파카나폴리**

BC 1천 년경 그리스인이 나폴리에 정착한 후 그레코-로만 도시로 발전했다. 중세에는 비잔틴 문화권이었고, 12세기 후 에스파냐 영향을 받았다. 18세기 말 나폴리는 이탈리아 최대 도시였으나, 1861년 가리발디에게 정복되었다.

나폴리는 고대 로마시대의 가로망 Roman Gateway(로마 관문로)가 시의 중심지에 남아 스파카 나폴리(Spaccanapoli)를 이루고 있다. 스파카는 '자른다'는 뜻이다. 보메로 언덕에서 내려다보면 약 2km의 직선도로가 시가지를 둘로 나눠놓고 있음이 보인다. 구시가지 중에서도 가장 오래된 로마시대의 주택가인 도무스(domus)가 있다. 좁은 골목으로 사람과 차량이 분주하게 지나간다. 그림 38

나폴리는 1924년 항구가 확장되면서 본격적으로 발전했다. 1995년 중심 비즈니스지구가 건설됐다. 도시의 스카이라인이 살아나고 신구(新舊) 도시경관이 만들어졌다.그림 39 나폴리 경제는 관광·직물·상업·농업·산업에 기반을 두고 있다. 나폴리의 화물터미널과 항구 기능은 나폴리 경제의 중요한 버팀목이다. 1950년부터 북동쪽 3.2km에 있는 나폴리 국제공항이 운항됐다.

그림 39 **이탈리아 나폴리 중심 비즈니스 지구**

나폴리 토양은 비옥한 화산재로 농작물이 잘 자란다. 전형적인 지중해성 기후로 건기(乾期)가 짧고 우기가 길어 농업용수가 풍부하다. 연중 온난하여 오렌지·올리브·토마토 등 과실이 많다. 18세기 캄파니아에서는 피자(pizza)를 먹었다. 1889년 에스포지토(Esposito)가 캄파니아 산 버팔로 모짜렐라(buffalo mozzarella) 치즈를 섞어 새로운 피자 Margherita(마르게리타)를 만들었다. 피자 재료인 붉은 토마토, 녹색 바질, 흰색 치즈는 이탈리아 국기를 상징하는데 이는 당시 사보이 여왕의 이름을 따서 명명했다 한다.그림 40

그림 40 **나폴리 피자 마르게리타 1889**

그림 41 **산세베로 성당의『베일에 덮힌 그리스도』**

그림 42 **이탈리아 베수비오 화산과 폼페이**

1590년에 설립된 카펠라 산세베로(Cappella Sansevero) 성당에는『베일에 덮힌 그리스도 *The Veiled Christ*』조각상이 있다. 1753년 바로크 시대 주제페 산마르티노가 제작했다.그림 41

베수비오 화산(Monte Vesuvio)은 79년 8월 24일에 분출했다. 33km까지 치솟았다. 화산 분출물을 초당 150만 톤의 속도로 방출했다. 화산 분출물로 폼페이와 헤르쿨라네움의 두 도시를 비롯하여 로마의 몇몇 정착지가 묻혔다. 폼페이는 고대 로마 도시였다. 베수비오 화산 분출로 4-6m의 화산재와 경석으로 매장되었다. 1599년에 매장이 확인되었고 1748년 화산 매설물 제거가 시작되었다. 화산 분출물로 공기와 습기가 없어 보존이 가능했다. 1997년 유네스코 문화유산으로 등재되었다.그림 42

# 05 교황청 바티칸 시국

바티칸 市國(시국)은 로마 시내에 있다. 국경 역할을 하는 장벽이 있는 내륙국이자 도시국가다. 2019년의 경우 0.49km²의 면적에 453명이 산다. 266대 프란치스코 교황이 재직 중이다. 교황령(Papal States)은 754년부터 1870년까지 존속했던 교황의 영토다. 754년 프랑크 왕 피핀이 교황에게 기증했다. 교황령은 1870년 이후 이탈리아에 합병되어 오늘의 면적으로 줄어들었다. 바티칸(Vatican) 시국은 1929년 교황 비오 11세가 무솔리니(Mussolini)와 체결한 라테라노 조약을 통해 시역이 확정되었다. 이 조약은 바티칸 시국 내에서 교황청의 완전한 주권을 인정하는 정치적 조약이다. 바티칸 시국은 전 세계 가톨릭교회의 총본부다. 가톨릭의 수장인 Pope(教皇)이 국가원수다. 성좌(聖座)는 세계 가톨릭 교회의 수도인 로마의 주교좌를 말한다. 이는 '베드로의 후계직'을 뜻했다. 교황청과 바티칸 시국을 포괄하는 말이 되었다. 현재 교황청은 성좌를 공식국가 명(名)으로 채택하고 있다.그림 43

이탈리아는 사람이 살기 좋은 지중해성 기후의 한복판에 있다. 땅은 비옥하여 농산물이 풍부하다. 삼면이 바다라 해산물 또한 풍족하다. 해상 교통의 요지라 국력이 강대했을 때는 유럽의 중심에 서 있었다. BC 753년부터 476년까지 고대 로마제국은 서양 문명의 중심이었다. 313년 밀라노 칙령으로 기독교가 국교가 되면서 로마는 중세 시대의 중심지 역할을 했다. 1300년에

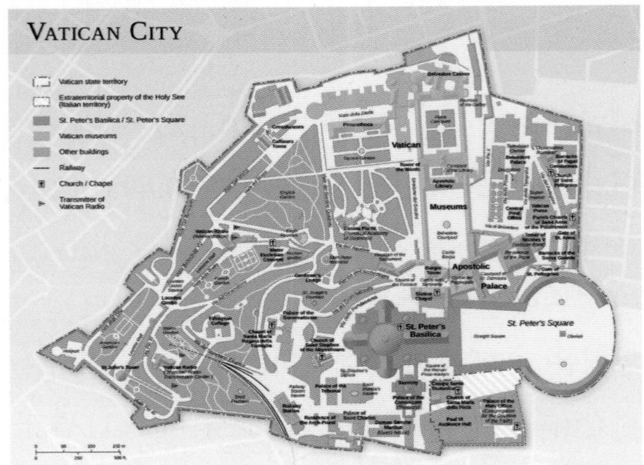



그림 43 **바티칸과 성좌(聖座)**

이르러 피렌체를 중심으로 르네상스 운동이 펼쳐지면서 인간 중심의 문예 부흥을 일으킨 나라가 되었다. 1527년「사코 디 로마」사태 이후 이탈리아는 주변 여러 나라의 공격을 받았다. 1870년에 리소르지멘토 정신으로 뭉쳐 이탈리아 공화국이 출범하여 오늘에 이르렀다.

이탈리아어는 이탈리아와 스위스에서 공식 언어로 쓰인다. 이탈리아 경제는 중소기업과 협동조합이 기둥이다. 2021년 이탈리아의 명목 GDP는 세계 8위다. G7의 일원이다. 2021년 1인당 명목 GDP는 34,997달러다. 기계, 엔지니어링, 자동차, 화학, 식품 등이 주요 수출품이다. 관광산업과 패션산업이 발달했다. 노벨상 수상자가 21명이다. 이탈리아는 기원 이후 가톨릭이 시작된 국가다. 2021년 이탈리아 기독교도는 84.4%다.

로마는 BC 753년의 고대 로마 건국을 감안한다면 2021년 기준으로 2,774년된 도시다. 로마는 고대 로마제국, 로마 가톨릭의 중심지, 중요한 르네상스 도시, 이탈리아의 수도로 변천되어 왔다. 로마는 인류 문명을 골고루 갖춘 문명 박물관으로 평가된다. 밀라노는 경제 중심지로, 피렌체는 르네상스의 본고장으로, 베네치아는 운하도시로, 나폴리는 항구도시로 잘 알려진 도시들이다. 교황청 바티칸 시국은 세계 가톨릭의 중심이다.

SANTANDER
ASTURIAS
OVIEDO
GALICIA
SANTIAGO
DE COMPOSTELA
CANTABRIA
BASQUE COUNTRY
VITORIA-GASTEIZ
PAMPLONA
NAVARRE
LA RIOJA
LOGROÑO
CASTILE AND LEÓN
CATALONIA
VALLADOLID
ZARAGOZA
BARCELONA
ARAGON
MADRID
TOLEDO
EXTREMADURA
CASTILLA-LA MANCHA
VALENCIA
PALMA
MÉRIDA
VALENCIA
MURCIA
MURCIA
ANDALUSIA
SEVILLE

# 13

# 스페인 왕국

## 가톨릭과 정열

그림 1 **스페인 국기**

# 01 스페인 왕국의 전개과정

## 국토회복운동 레콩키스타

스페인의 정식국명은 에스파냐 왕국으로 Reino de España라 표기한다. 영어로는 Kingdom of Spain(스페인 왕국)이라 쓴다. 스페인, 에스파냐 등으로도 불린다. 스페인은 2020년 기준으로 505,990km$^2$의 면적에 47,450,795명이 산다. 스페인은 국토의 3분의 1이 산지다. 피레네산맥으로 프랑스와 접해 있다. 국토의 서쪽에 대서양이, 남쪽에 지중해가 있다. 스페인은 지형적 특성이 뚜렷하여 상대적으로 지역성이 다양하게 나타난다. 이런 연유로 각 지방의 자치주의적 성향이 강하다.

스페인의 국기는 적심기(赤椹旗, la Rojigualda)로 불리며 적색, 심황색, 적색의 3색이다. 가운데 줄의 색상을 심색(gualda)을 사용했기 때문에 적심기(rojigualda)로 불리게 되었다. 스페인 국기는 1785년 카를로스 3세 때 해병관의 선기로 활용되었다. 1820년에 스페인 육군 연대가 사용했고, 1843년에 공식기로 채택했다. 1981년 12월 19일부터 국기에서 문장을 삭제하고 1978년 헌법에 명시한 세 가지 색이 있는 국기를 사용하고 있다.그림 1

스페인의 다수는 라틴족이다. 공용어는 스페인어다. 스페인어는 멕시코, 중앙아메리카, 필리핀 등 4억 명이 넘는 인구가 사용하고 있다. 제2 외국

그림 2 **스페인어 사용 국가 분포**

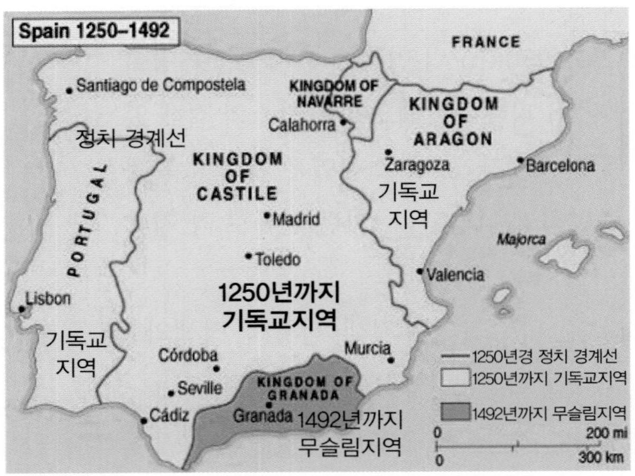


그림 3 **카스티야, 아라곤, 나바라, 포르투갈, 그라나다 1250–1492**

어를 포함하면 5억여 명의 인구가 스페인어로 소통한다. 세계적으로 영어, 중국어, 힌두어 다음으로 많이 쓰이는 세계어다. 일반적으로 스페인어라고 하면 카스티야 지방어를 가리킨다.그림 2

스페인에서 레콩키스타(Reconquista)는 의미가 크다. 레콩키스타는 '국토회복운동 또는 재정복'을 뜻한다. 이슬람 세력은 711년부터 1492년까지 781년간 이베리아 반도의 상당 부분을 지배했다. 이베리아인들은 722년 코바동가 전투에서부터 레콩키스타를 시작했다. 1249년 포르투갈의 아폰수 3세는 알가르브를 점령하여 포르투갈의 레콩키스타를 완료했다. 1250년 이베리아반도의 상당 부분이 기독교도들에 의해 재정복되었다. 이베리아반도는 포르투갈 등의 기독교 지역과 그라나다의 이슬람 지역으로 나뉘어 있었다. 기독교 지역은 카스티야, 아라곤, 나바라였다.그림 3

그림 4 **카스티야의 이사벨 1세와 아라곤의 페르난도 2세**

스페인의 이사벨 1세는 카스티야 왕국을, 페르난도 2세는 아라곤 왕국을 다스리고 있었다. 이 두 사람은 1469년 결혼하여 두 나라를 합치면서 레콩키스타를 전면에 내세웠다. 가톨릭의 기치 아래 이베리아 영토를 회복하겠다고 했다. 1492년 1월 2일 에스파냐 연합왕국은 이슬람 점령지였던 그라나다를 함락하여 레콩키스타를 완성했다. 이베리아를 정복해서 다스렸던 이슬람의 우마이야 왕조를 몰아 내고 가톨릭 국가를 다시 세운 것이다.그림 4

## 대항해와 식민지 경영

유럽에서는 15세기 초반부터 17세기 말까지 대항해시대(Age of Exploration)가 진행됐다. 대항해를 감행한 이유는 복음 전파(God), 황금(gold), 명예(fame and glory), 호기심(curiosity) 등이라는 해석이 있다. 대항해시대는 포르투갈의 엔히크 왕자가 열었다. 콜럼버스가 1492-1504년의 기간 중 4차에 걸쳐 서인도 제도를 탐험했다. 마젤란은 1519-1522년의 기간 동안 세계가 바다로 연결되어 있음을 입증했다. 바스쿠 다 가마는 1497-1502년 기간 중 아프리카를 돌아 인도항로를 개척했다. 카브랄은 1500년에 브라질을 탐험했다. 카보토는 1497년에, 카르티에는 1534-1542년의 기간에 캐나다를 항해했다.그림 5

본격적인 유럽인의 아메리카 항해는 크리스토퍼 콜럼버스(Columbus)가 이룩했다고 평가한다. 콜럼버스는 이탈리아 제노아에서 금융업에 종사했다.

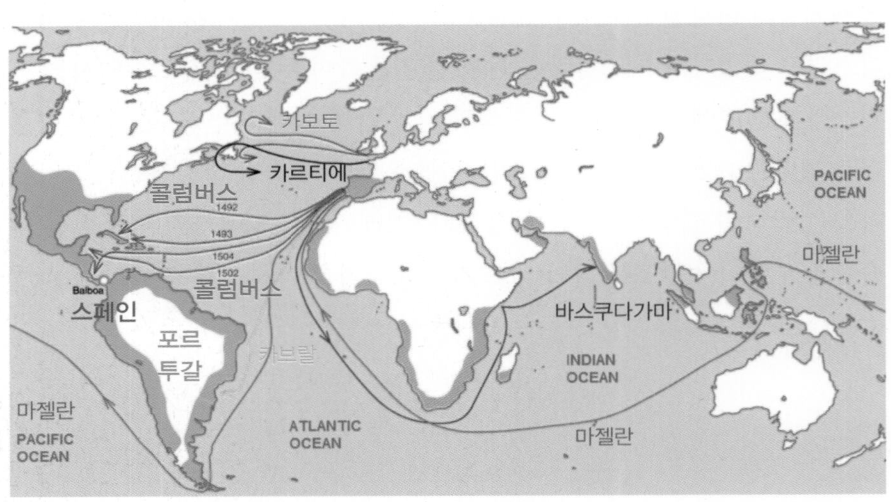


그림 5 **대항해시대**

그는 마르코 폴로의 『동방견문록』(1271-1295)을 즐겨 읽었다. 콜럼버스는 네덜란드 루벵의 한 고(古) 서점에서 피엘다이이가 그린 세계지도를 보았는데, 그 세계지도에는 바다가 하나로 연결되어 있었다. 그는 바다로 연결된 항로를 따라 동방으로 가면 향신료 수입 등의 인도 교역을 통해 금과 보물을 얻을 수 있다고 생각했다. 콜럼버스는 당대 여러 군주에게 본인의 탐험계획을 말하고 도움을 요청했다. 코르도바 알카사르 성에서 만난 에스파냐의 이사벨 1세와 페르난도 2세가 요청을 받아들였다.그림 6 콜럼버스는 니나호, 핀타호, 산타 마리아호 등의 3척의 배와 핀손 등 1백여 명의 선원을 지원받았다. 그는 1492년 8월 3일 스페인 남단 팔로스 항을 떠나 서쪽으로 항해했다. 10월 12일에 바하마 제도에 도착했다. 그는 감격하여 첫발을 디딘 섬 이름을 산 살바도르라 칭했다. '구세주의 섬'이라는 뜻이었다. 콜럼버스는 탐험한 땅들이 인도라고 생각해 원주민을 인디언이라 명명했다. 그가 탐험해서 가져온 금제품은 유럽에서 화제가 되었다. 사람들이 콜럼버스의 탐험을 폄훼하자 인구에 회자하는 「콜럼버스의 달걀」이란 일화로 응수했다.

그림 6 **스페인 코르도바 알카사르성의 콜럼버스, 이사벨 1세, 페르난도 2세**

페르디난드 마젤란(Magellan)은 항해사 엘카노(Elcano)와 함께 세계 최초로 바다를 통해 세계 일주를 진행해 세계가 바다로 연결되어 있음을 입증했다. 마젤란은 스페인의 지원을 받은 포르투갈 출신의 탐험가였다. 마젤란이 필리핀에서 죽임을 당한 후, 엘카노가 탐험선 빅토리아(Victoria)호와 선원을 이끌고 스페인으로 귀환해 세계 일주를 완성했다.

콜럼버스 항해 이후 스페인은 본격적으로 아메리카 식민지 개척에 나섰다. 스페인은 식민지에 스페인어를 사용하도록 했고 가톨릭을 전파했다. 스페인은 멕시코·미국 중남서부·캐나다 남부 등 아메리카 지역, 필리핀, 적도기니 등의 지역을 식민지로 만들었다. 식민지에서 옥수수, 토마토, 감자, 담배, 카카오, 고무나무, 바닐라 등의 작물을 유럽에 가져왔다.그림 7

1516년 합스부르크가(家)의 카를로스 1세(Carlos I)가 즉위했다. 독일 황제로는 카를 5세였다. 그는 이사벨 1세와 페르난도 2세의 외손자였다. 그는 독일 합스부르크 영토, 스페인, 네덜란드, 이탈리아 영토를 통괄하는 합스부르크 군주국의 통치자였다. 카를로스 1세는 1521년 왕권과 상층부에 반대하는

그림 7 **옥수수, 토마토, 감자, 담배, 카카오, 고무나무, 바닐라**

시민반란을 진압해 절대왕권을 확립했다. 카를로스 1세는 1556년 아들 펠리페 2세에게 스페인을 물려줬다. 이때부터 합스부르크 스페인이 시작됐다.

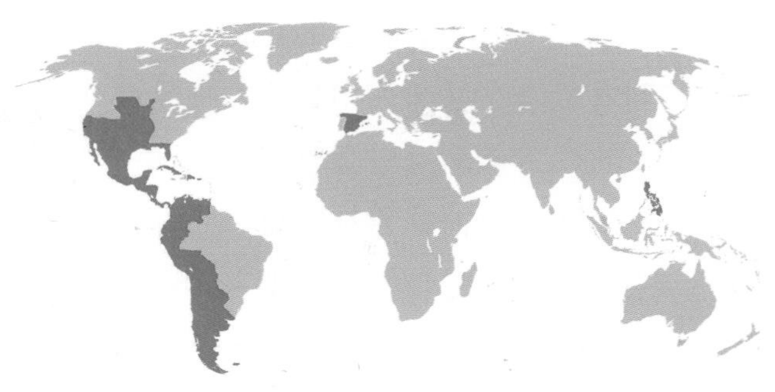

그림 8 **스페인 제국 1492–1976**

16세기 중엽 스페인 무역품은 카스티야를 중심으로 생산되는 모직물 제품이었다. 아메리카 식민지는 모직물 등 공업제품 수출시장이었다. 그런데 스페인 모직물 공업은 유럽의 길드 지배하에 있어서 독립된 산업으로 발전하지 못했다. 이에 반해 네덜란드·영국산 모직물은 자유 생산체제로 발전하여 스페인을 압도했다.

15세기 후반부터 17세기 전반에 걸쳐 아메리카 식민지로부터 금·은이 대거 유럽으로 들어왔다. 급격한 금·은의 유입은 인플레이션을 유발해 가격혁명(Spanish Price Revolution)을 일으켰다. 스페인은 아메리카 식민지에서 막대한 금·은을 들여왔으나 이 재화를 산업자본화 하는 데 등한시했다. 그 결과 스페인은 단순한 금·은 경유지로 전락하면서 국내 산업이 침체했다. 스페인은 이를 만회하려고 네덜란드에 세금 징수를 강요했으나 오히려 네덜란드의 독립전쟁을 유발시키는 결과로 이어졌다. 이때 엘리자베스 왕조의 영국은 스페인을 견제하려고 네덜란드를 지원했다. 1588년은 암울한 해였다. 펠리페 2세가 영국을 공격하기 위해 파견한 무적함대가 영국 해군에 의해 격파되었기 때문이다. 스페인은 몰락했다. 영국은 해상권 지배를 강화했다.

스페인의 국가적 쇠퇴기에 문화적으로는 오히려 황금시대를 맞았다. 16세기 말에 문인 세르반테스, 로페 데 베가 등과, 화가 엘 그레코, 디에고 벨라스케스, 무리요 등이 활약했다.

1700년 스페인 왕가는 합스부르크에서 부르봉으로 바뀌었다. 1715년에 통합 스페인 왕국이 수립됐다. 18세기 중엽 스페인은 미국 미시시피 서부, 플로리다, 아르헨티나, 칠레 등을 점유하는 식민지 활동을 이어갔다. 스페인 제국은 18세기 중엽 최대 영토를 점유했다. 스페인 제국은 1492-1976년까지 존속했다.그림 8

1808년 5월 2일에서 1814년 4월 17일까지 나폴레옹이 스페인을 침공했다. 프란시스코 고야는 『1808년 5월 3일 *The Third May 1808*』(1814)의 작품으로 총살 처형을 그렸다. 나폴레옹에게 점령당한 후 스페인령 루이지애나를 상실했다. 1820-1830년의 기간 중 미국 독립에 자극받은 라틴 아메리카의 멕시코·아르헨티나·페루·칠레·베네수엘라 등이 독립했다. 1898년 4월에서 8월까지 쿠바와 필리핀에서 미국-스페인 전쟁이 일어났으나 스페인이 패했다. 스페인은 쿠바·필리핀·푸에르토리코·괌·태평양 제도 등을 상실했다. 스페인의 식민지는 적도 기니와 서사하라 등으로 줄었다.

1936년에 이르러 스페인은 내전에 휩싸였다. 1939년 3월 프란시스코 프랑코가 쿠데타로 수도 마드리드를 점령해 내전에서 승리했다. 프랑코는 1939년 스페인국(Estado Español)을 세우고 에스파냐 팔랑헤(Falange Española)라는 단일정당으로 우파 독재를 감행했다. 피카소는 스페인 내전 중 게르니카에서 자행된 참상을 『게르니카 *Guernica*』(1937)라는 작품으로 표현했다.그림 9 미국인 어니스트 헤밍웨이는 『누구를 위해 종은 울리나 *For Whom the Bell Tolls*』(1940)의 소설로 스페인 내전을 묘사했다. 프랑코는 1975년에 사망했다.

그림 9 **스페인 파블로 피카소의 게르니카 1937**

1960-1970년대에는 아프리카의 적도 기니와 서사하라 등의 영유권을 포기했다. 급기야 1492-1976년의 484년간 지속된 스페인 제국은 몰락했다. 왕정이 복고되고, 1978년에 개헌이 되면서 정치체제가 입헌군주제로 바뀌었다. 왕은 통치하지 않고 의회가 국정을 운영하는 의회민주주의 국가로 전환됐다. 2014년 후안 카를로스 1세의 아들 펠리페 6세가 왕위를 양위 받았다.

스페인은 오랜 세월 식민지 경제에 의존해 왔었다. 오늘날 스페인 경제는 관광, 제조업, 농업, 에너지 등이 받쳐준다. 관광업은 GDP의 10%를 점유하며, 관광객은 연간 8,200,000명 수준이다. 2021년 시점에서 1인당 GDP는 30,996달러다. 노벨상 수상자는 8명이다. 문학상이 6명이고, 의학상이 2명이다.

## 가톨릭 국가

로마제국 속령일 때 이베리아에 기독교가 전파된 이후 에스파냐인들은 가톨릭 신앙을 지켰다. 711년 이슬람이 지브롤터 해협을 건너 에스파냐를 침공해와 이베리아 대부분이 이슬람에게 정복되었다. 이베리아에 사는 무슬림을 무어인이라 불렀다. 기독교인들은 레콩키스타를 전개해 1492년 기독교 국토회복운동을 달성했다. 에스파냐는 알함브라 칙령을 반포해 로마 가톨릭교로 개종하지 않은 무어인과 유대인을 추방했다. 1496년 교황 알렉산데르 6세는 이사벨 1세와 페르난도 2세에게 「가톨릭 군주」라는 특권적 지위를 부여했다. 가톨릭 교리를 반영해 나라를 통치해 달라는 취지였다. 이런 배경 아래 발전한 스페인은 가톨릭 국가이며 2021년 시점에서 58.2%가 가톨릭 신자로 집계된다. 스페인에는 70개의 가톨릭 대교구와 교구가 있다. 스페인의 가톨릭 신앙은 국가적 안정과 스페인 국민들의 정신적 버팀목이 되고 있다.

그림 10 **스페인 마드리드 마요르 광장의 종교재판 1478–1834**

스페인은 종교재판으로 이교도를 제압했다. 이슬람교도와 유태인에 대한 스페인 종교재판(Inquisición española)은 1478-1834년 동안 진행되어 수십만 명을 희생시켰다. 종교재판은 이교도들의 스페인 침입을 차단하는 한편, 강력한 중앙집권의 왕권 강화로 이어졌다.그림 10

1500년 전후에 스페인은 가톨릭 교회 문제를 혁파했다. 성경 번역판을 출간하고, 1499년에 알칼라 대학(University of Alcalá)을 설립했으며, 인문주의 학문적 토양에 근거한 신학 교육 체제를 정비했다. 가톨릭은 개신교의 개혁에 조응하여 1545-1563년에 이탈리아 트리엔트와 볼로냐에서 트리엔트 공의회를 열어 가톨릭 개혁을 논의했다.

한편 1534년 에스파냐 출신 이냐시오 데 로욜라는 동료들과 예수회를 설립했다. 예수회는 Jesuits라 불렸고 로마 가톨릭 교회 소속 수도회였다. 예수회는 청빈·정결과 순명을 서원하고 영혼 구원에 헌신하면서 선교 사업을 펼쳤다. 스페인 북부 Azpeitia(아즈페이티아)의 로욜라 생가터에 로욜라 성당이 세워졌다.그림 11 266대 현재의 프란치스코 교황은 예수회에서 활동했다.

스페인은 일찍 가톨릭 개혁과제를 해결함으로써 스페인의 가톨릭 리더십은 가톨릭계에 적지 않

그림 11 **스페인 이냐시오 데 로욜라와 아즈페이티아의 로욜라 성당**

은 영향을 미쳤다. 가톨릭의 합스부르크 스페인은 식량 폭동이 적었다. 이는 종교적 안정이 스페인의 안정으로 이어졌다는 해석이 있다.

## 플라멩코와 투우

플라멩코 음악은 「정열의 나라 스페인」을 상징한다. 플라멩코 음악에는 역사적·지리적 환경이 담겨있다. 북쪽의 피레네 산맥으로 유럽과 차단된 안다루시아 지방은 독자적인 문화를 발달시켰다. 많은 산맥과 하천에 의해 나뉘어진 각 마을에는 향토 음악과 무용이 독창적 문화로 발전했다. 인종구성도 다양했다. 원주민 이베르족, 그리스인, 라틴족, 유태인, 이랍인, 집시 등이 어울려 살았다. 이런 연유로 스페인 민속음악은 엑조티시즘을 나타냈다. 안다루시아의 플라멩코는 가장 스페인적인 감정과 기백을 뿜어낸다고 말한다. 글린카, 림스키 코르사코프 등의 외국 작곡가와 알베니스, 그라나도스 등의 스페인 작곡가들이 안다루시아 향토음악을 발전시켜 명곡을 남겼다.

플라멩코(flamenco)의 기본은 노래(Cante), 향토 춤(Baile), 기타(Guitarra) 반주 세 가지다. 관중이 장단을 맞추어 지르는 소리인 할레오도 플라멩코의 한 구성 요소다. 네 가지가 어울리면 콰드로 플라멩코가 된다. 마드리드 빌라 로사 플라멩코 공연장에서 콰드로 플라멩코의 다양함을 보여준다.그림 12 플라멩코 노래는 16세기경 발생했다. 집시의 노래인 cante gitano(칸테 지타노)와 안달루시아의 민속음악의 영향아래 발전했다. 플라멩코 춤은 집시적 요소가 많다. 순수한 플라멩코에서는 캐스터네츠를 쓰지 않는다. 구두, 손뼉, 손가락 소리로 구성된다. 플라멩코 춤은 자신의 마음 깊은 곳에서 우러 나오

그림 12 **스페인 마드리드 빌라 로사 플라멩코 공연**

는 울림을 몸으로 드러내는 춤이라 한다. 밖으로 내보내지 않으면 견딜수 없는 pathos(정열)의 절실한 터짐이라고 설명한다. 후에 추가된 플라멩코 기타(Guitarra flamenca)는 민요와 민요춤곡의 반주악기였다. 오늘날에는 독주악기로 연주된다. 1938년 라몬 몬토야가 파리에서 처음으로 플라멩코 기타 독주회를 열었다. 지금도 옛날 그대로의 전통적인 민요와 춤의 플라멩코가 안달루시아 지역의 여러 곳에서 펼쳐진다.

투우(bullfighting)는 소를 상대하여 싸우는 스페인, 포르투갈, 라틴 아메리카의 전통적인 오락이다. 투우사의 개조(開祖)는 스페인 안달루시아 말라가 출신 프란시스코 로메로(Romero, 1700-1763)다. 투우사는 토레아도르(toreador)라 한다. 투우는 경기장에 나오기 전에 어두운 방에 가둬둔다. 싸우기 위해 나온 투우는 밝은 햇살로 인해 흥분하게 된다. 투우할 때 붉은 천을 흔드는 것은 관중들이 시각적으로 볼 수 있게 하려는 의미다. 투우 경기는 소가 심장에 작살을 맞는 것으로 끝난다. 1931년에 개장한 라스 벤타스는 스페인 최대의 투우장이다. 23,798석의 좌석이 있다.그림 13

스페인 국민들이 선호하는 운동경기는 축구다. 스페인 대표팀은 빨강(La Roja), 붉은 분노(La Furia Roja) 등으로 불린다. 스페인 국가대표팀은 1920년에 창설되었다. 스페인 국가대표팀은 남아공 요하네스버그에서 개최된 2010년 FIFA 월드컵에서 우승했다. 레알 마드리드, FC 바르셀로나 등 지역별 축구팀도 활성화되어 있다.

그림 13 **스페인 마드리드 라스 벤타스 투우장**

## 02 수도 마드리드

그림 14 **스페인의 마드리드 왕궁**

마드리드는 스페인의 수도다. 2018년 기준으로 604.31km² 면적에 3,223,334명이 거주한다. 마드리드 대도시권 인구는 6,791,667명이다. 마드리드는 해발고도 820m의 메세타 고원에 위치한다. 시 외곽에서 만사나레스(Manzanares) 강과 만난다. 온대에 속하는 지중해성 기후다.

그림 15 **스페인 마드리드 알무데나 성당과 알무데나 성모상**

도시 어원은 '수원(水源)'이라는 뜻인 아랍어 마제리트(Majerit)에서 유래했다. 마드리드는 9세기 이르러 역사에 처음 등장한다. 무함마드 1세가 마드리드에 작은 궁전을 건설했다. 1085년 카스티야 알폰소 6세가 마드리드를 점령했다. 카스티야 왕국의 수도는 톨레도였고, 아라곤 왕국의 수도는 사라고사였다. 두 왕국은 가톨릭으로 통합하여 근대 스페인을 건설했다. 펠리페 2세는 1561년 톨레도에서 마드리드로 수도를 옮겼다. 1735년 마드리드 왕궁이 건설됐다. 마드리드 왕궁은 왕실 공식행사에 사용된다.그림 14 왕의 실제 거주지는 마드리드 외곽의 자르수엘라 궁이다.

스페인의 수도가 톨레도에서 마드리드로 이전된 이후에도 스페인 교회 중심은 마드리드가 아니었다. 이에 이슬람의 모스크가 있던 자리에 본격적으로 가톨릭 교회를 세웠다. 1883-1993년의 110년 동안 수도 마드리드에 알무데나 대성당이 건축됐다. 왕궁 맞은편에 있으며 바르크 양식이다. 알무데나는 '성모 마리아의 성모상'을 의미한다.그림 15

1936년 마드리드가 공화파의 근거지가 되면서 스페인 내전의 전쟁 피해를 겪었다. 스페인 내전 동안 마드리드는 비행기 폭탄 세례를 받았다. 내전과 제2차 세계대전이 끝난 후 마드리드는 현대도시로 탈바꿈했다. 1978년 후안 카를로스 1세 때 스페인은 헌법상 입헌군주제가 되었으며 수도를 마드리드로 했다.

스페인의 중심도시인 마드리드에서는 문화와 광장문화가 발달했다. 1819년에 건축된 프라도 미술관은 마드리드의 대표적 미술관이다.그림 16 1899년 미술관 앞뜰에 벨라스케스의 동상이 들어섰다. 1902년에는 뒤

그림 16 **스페인 마드리드의 프라도 박물관**

그림 17 **벨라스케스와 『시녀들』**

그림 18 **고야와 『옷을 벗은 마야』와 『옷을 입은 마야』**

뜰에 고야의 동상이 세워졌다. 르네상스 이후 근현대 직전까지 스페인 화가들의 작품을 전시하고 있다. 디에고 벨라스케스의 『시녀들 *Las Meninas*』(1656-1657), 그림 17 프란시스 고야의 『옷을 벗은 마야 *La Maya desnuda*』, 『옷을 입은 마야 *La Maya vestida*』(1797-1800)가 전시되어 있다.그림 18 엘 그레코의 『십자가를 지신 그리스도 *Christ Carrying the Cross*』(1597-1600), 『구세주 *The Saviour*』(1608-1614)의 작품이 있다.그림 19 레이나 소피아(Reina Sofía) 미술관에는 피카소의 『게르니카』 원본이 있다.

그림 19 **엘 그레코의 『십자가를 지신 그리스도』 와 『구세주』**

1580-1619년 사이에 지어진 마드리드 마요르(Mayor) 광장은 시청사가 있던 곳이다. 마드리드의 정신적 중심지 역할을 한다. 역사적으로 종교재판이 열렸던 곳이기도 하다.그림 20 푸에르타 델 솔(Sol) 광장은 1857년에 건설됐다. 푸에르타 델 솔은 '태양의 문'이라는 뜻이다. 솔 광장에는 마드리드의 상징인 곰과 딸기 동상과 스페인 도로 기점 출발표지판이 있다. 새해맞이 행사가 이곳에서 열린다.그림 21

그림 20 **스페인 마드리드의 마요르 광장**

그림 21 **스페인 마드리드의 푸에르타 델 솔 광장**

그림 22 **스페인 마드리드의 중심지역 1987**

마드리드는 1980년대 이후 도시 내에서는 재생사업이 활성화되고, 도시 주변지역으로는 금융지구와 업무지구가 빠르게 확장되었다.그림 22 도시 중심업무지구인 그란비아(Gran Via, great way)에는 기존건물의 재활성화와 오피스 등의 업무 기능이 확충되었다. 그란비아 대로는 동쪽 끝의 Calle de Alcalá(알칼라 거리)로부터 서쪽 끝의 Plaza de España(에스파냐 광장)까지 이르는 중심거리로 스페인의 Broadway(브로드웨이)라 불리는 1.3km 거리다.그림 23

그림 23 **스페인 마드리드의 그란비아 대로**

알칼라 거리에 있는 Metrópolis(메트로폴리스) 빌딩은 1911년에 건축되었다. 꼭대기에 '날개달린 승리'의 뜻을 지닌 『*Victoria Alada*』 조각상이 세워져 있다. 서쪽 끝의 스페인 광장에는 미겔 데 세르반테스, 돈키호테, 산초 동상이 있다. 1916년 세르반테스 서거 300주년을 기념하여 조성됐다. 동상주변에 1953년에 건설한 주상복합용 스페인 빌딩과 1954-1957년에 지은 마드리드 타워가 있다.그림 24 1861년에 조성된 그린비아의 Callao(칼라오) 광장은 영국의 피커딜리 광장에 비유된다.그림 25 1924년에 세워진 통신회사 Telefónica 본사도 그란비아에 있다.

그림 24 **마드리드 스페인 광장의 돈키호테 동상과 스페인 빌딩, 마드리드 타워**

그림 25 **스페인 마드리드의 칼라오 광장**

마드리드 도심 북쪽에 AZCA 금융지구가 1946년부터 조성되어 피카소 빌딩, BBVA 빌딩 등이 들어섰다. 1947년에는 마드리드 도심에 대규모 축구 경기장 Santiago Bernabéu Stadium(산티아고 베르나베우 경기장)이 세워졌다. Real Madrid(레알 마드리드) CF 축구팀이 경기를 하며 프랑스 알제리

출신 축구선수 지단이 활동했다. 2004-2008년 기간 동안 마드리드 북쪽 콰트로 토레스 비즈니스 지구에 현대적 빌딩이 건축됐다. 토레 세프사(250m), 토레 PwC(236m), 토레 크리스탈(249.5m), 토레 에스파시오(236m) 등의 200m 이상의 고층건물이 들어서 마드리드의 스카이라인이 바뀌었다.그림 26

그림 26 **스페인 마드리드의 콰트로 토레스 비즈니스 지구**

# 03 카탈루냐의 바르셀로나

바르셀로나(Barcelona)는 스페인 동부 카탈루냐 지방의 중심도시다. 스페인에서 두 번째로 큰 도시로 경제적 풍요로움이 있다. 101.4km$^2$ 면적에 1,620,343명이 거주한다. 바르셀로나 대도시권에는 5,474,482명이 산다. 도시명칭은 페니카아어인 바르케노(Barkeno)에서 유래했다고 한다. 바르셀로나는 지중해 연안에 입지했다. 이 지역은 베소스(Besos) 강과 요브레가트(Llobregat) 강 사이에 있는 비옥한 평야지대다. 지중해성 기후로 온화하고 쾌적하다.그림 27

바르셀로나는 801년 프랑크 왕국의 히스파니아 국경령에 통합되었다. 886년 카탈루냐 요새인 카르도나(Cardona) 성이 세워졌다. 10세기 이곳 주민은 프랑크 왕국 지원을 받지 않고 이슬람 세력을 격퇴했다. 11세기에 바르셀로나 백작령을 중심으로 카탈루냐 군주제를 확립해 카탈루냐 지방의 원류를

그림 27 **스페인의 바르셀로나**

그림 28 **스페인 바르셀로나의 콜럼버스 기념비와 모형선**

구축했다. 12세기 아라곤 연합왕국에 속해있던 바르셀로나는 바르셀로나에서 아테네에 이르는 지중해를 지배했다. 15세기 카스티야-아라곤 연합왕국이 성립되면서 스페인 중심지가 마드리드로 이동해 바르셀로나는 약화됐다.

1298-1417년의 119년 동안 고딕양식의 바르셀로나 대성당이 완공됐다. 1753-1779년 기간 중 카탈루냐의 독립을 지키기 위해 몬주익 언덕 꼭대기에 몬주익 성을 세웠다. 몬주익(Montjuïc)은 '유대인의 산'이란 뜻으로 유대인의 묘지유적이 발견됐다. 1888년 콜럼버스 기념탑(Columbus Monument)이 60m 높이로 세워졌다. 콜럼버스가 첫 번째 항해를 마치고 바르셀로나에서 이사벨 1세 여왕과 페르난도 5세 왕에게 보고한 것을 기념하기 위해서 건설했다. 바르셀로나 해변에는 콜럼버스 항해선 모형이 있다.그림 28

바르셀로나는 스페인에서 제일 먼저 산업화된 도시다. 19세기에 산업 혁명을 일으켰다. 바르셀로나 경제력은 공업, 관광업, 3차 산업에서 창출된다. 1995년 유럽위원회의 『유럽 2000』에서 정의한 유럽의 황금 바나나 벨트(Golden Banana) 도시 중 하나다. 바나나 벨트는 미국의 실리콘 밸리와 유사한 개념이다. 지중해 연안을 따라 이

그림 29 **스페인 바르셀로나 몬주익의 카탈루냐 국민투표 랠리**

탈리아 Genoa(제노아)로부터 스페인 Valencia(발렌시아)까지 펼쳐진 도시 회랑(都市 回廊 urban corridor) 지역이다. 이곳에서는 정보·기술 산업과 제조업이 활성화되어 있다. 1989년에는 영국 리버풀에서 이탈리아 밀라노까지를 Blue Banana Belt(블루 바나나 벨트)로 제시했다. 중부 유럽의 메갈로폴리스를 Green Banana Belt(그린 바나나 벨트)라고 부르기도 했다. 바르셀로나는 좋은 기후와 경관으로 관광업이 발달했다.

카탈루냐는 스펜인어보다 불어나 이탈리아어에 가까운 언어를 가지고 있다. 2018년 카탈루냐의 경제력은 스페인 국내총생산의 20.2%다. 아라곤(Aragon)을 상징하는 카탈루냐 깃발인 senyera(세니에라)를 사용하기도 한다. 이는 스페인으로부터 독립하려는 강한 지역감정을 드러내는 상징이다. 몬주익에서 카탈루냐 독립을 원하는 국민투표 랠리가 열렸다.그림 29 1910년에

그림 30 **몬주익 올림픽 경기장 1992 에스타디 올림픽 류이스 콤파니스 2001**

는 바르셀로나에서 스페인 전국노동자연합이 결성됐다. 아나키스트 운동과 스페인 내전 때 터진 사회 혁명이 바르셀로나와 주변에서 일어났다.

1992년 몬주익 경기장에서 열린 바르셀로나 올림픽에서 대한민국의 마라톤 선수 황영조가 금메달을 땄다. 몬주익 경기장은 2001년 에스타디 올림픽 류이스 콤파니스로 명칭이 바뀌었다.그림 30, 31 프로 축구 클럽 FC 바르셀로나 축구 경기가 1957년에 완공한 캄프 누(Camp Nou) 축구 경기장에서 열린다. 99,354명을 수용하는 유럽 최대 경기장이다.

그림 31 **1992 바르셀로나 올림픽 마라톤 금메달리스트 황영조 선수 동상과 기념비**

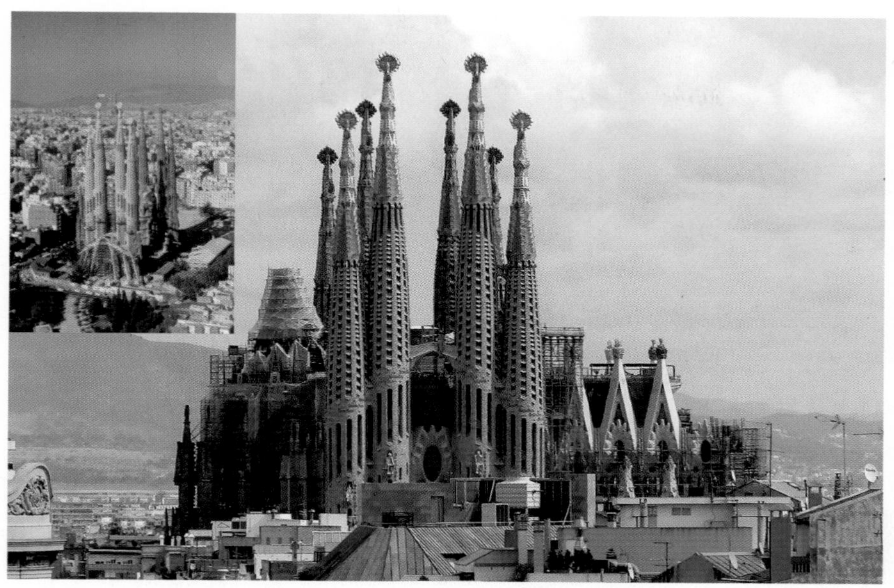

그림 32 **바르셀로나 안토니 가우디의 성 가족성당**

안토니 가우디(Gaudí, 1852-1926)는 바르셀로나에 많은 건축물을 남겼다. 그는 건축, 자연, 신앙에 대한 열정으로 일관했다. 말년에 이르러 신앙에 몰두하면서 신의 건축(God's Architect)을 만든다는 평판을 얻었다. 그는 74세 되던 해 성당에 다녀오는 길에 노면전차(tram)에 치어 사망했다. 유네스코는 모더니즘에 대한 공헌을 기려 가우디의 여러 작품을 세계문화유산으로 지정했다. 성가족성당(Sagrada Família)은 그의 미완성 성당이다. 1882년에 시공하여 개인들의 후원금으로 지어지고 있다. 완공 예정 연도는 2026년이다.그림 32 그는 『콜로오니아 구엘 교회』(1898-1914), 『카사 밀라』(1906-1912), 『구엘 공원』(1900-1926)그림 33 등을 건축했다.

그림 33 **바르셀로나 안토니 가우디의 구엘 공원**

그림 34 **스페인 바르셀로나의 토레 글로리스**

2005년에 높이 144.44m의 사무용 건물 토레 글로리스(Torre Glòries)가 건축되어 새로운 바르셀로나의 랜드마크가 되었다.그림 34 1963년에 개관한 피카소 미술관에는 피카소의 청년기 이전과 노년기 작품이 주로 전시되어 있다. 바르셀로나, 세비야, 마드리드는 플라멩코 3대 도시다. 바르셀로나 라 람브라 대로에 플라멩코 공연장이 있다. 262m 높이의 군사방어기지 카멜의 벙커는 바르셀로나를 내려다 볼 수 있는 명소다. 1217년부터 문을 열기 시작한 보케리아(Boqueria) 재래시장은 바르셀로나의 오랜 정서가 배어있다.

# 04 지역 도시

## 요새도시 톨레도

그림 35 **스페인 카스티야 수도 톨레도 1085-1561**

그림 36 **스페인 톨레도 대성당과 엘 그레코 박물관**

톨레도는 마드리드에서 남쪽으로 74.4km 떨어져 있다. 232.1km² 면적에 84,282명이 거주한다. 톨레도는 세르반테스의 소설 『돈키호테 *Don Quixote*』(1605)의 배경이 되는 곳이다. 톨레도는 타구스 강 위에 있는 세르반테스 언덕에 건설된 도시다.그림 35

톨레도는 BC 192년 로마인이 개척한 천연의 요새도시였다. 톨레도는 서고트 왕국의 중심지과 무어인의 북부 전진기지가 되었다가, 1085년부터 카스티야의 수도 역할을 했다. 1537년에 완공된 톨레도의 알카사르(Alcázar)는 해발 529m의 세르반테스 언덕 위에 세워졌다. 레콩키스타 시절 이슬람과 싸우기 위한 성(城)으로 바뀌었다. 1561년 펠리페 2세가 톨레도에서 마드리드로 천도했다. 톨레도는 1986년 유네스코 문화유적으로 지정되었다.

톨레도에는 이슬람교, 그리스도교, 유대교 세 종교의 유적이 공존한다. 999년에 세워진 이슬람 사원 메스키타(Mezquita)와 1493년에 건축한 톨레도(Toledo) 대성당이 있다. 1577년 엘 그레코가 톨레도로 이주해 와 많은 성화를(聖畫) 그렸다. 1911년에 엘 그레코 박물관이 개관되었다.그림 36

## 알함브라 궁전의 그라나다

안달루시아 지방에 그라나다 주가 있다. 그라나다는 '석류'란 뜻이다. 그라나다는 이베리아반도의 시에라네바다 산맥 남동쪽에 있다. 안달루시아의 코르도바(Córdoba)는 무슬림 스페인의 수도로 발달했다. 1492년 레콩키스타로 최후의 이슬람 거점인 그라나다에서 이슬람교도들이 물러났다. 오늘날에는 모로코 등 북아프리카 아랍계 이민자들이 주로 알바이신(Albaicin) 지구에 이주해 와서 산다.

그라나다에 알함브라 궁전이 있다. '붉다'라는 뜻의 알함브라(Alhambra)는 궁전과 성곽의 복합단지로 구성되어 있다. 1238-1358년의 120년간 지어진 아랍 군주의 저택이었다. 지금은 이슬람 건축 박물관으로 활용된다. 카를로스 1세 때 르네상스식 건물이 추가되었다.그림 37 알함브라 궁전에는 몇 개의 공간이 있다. 헤네랄리페 정원, 아라베스크 양식의 꽃인 나사리스(Nazaríes) 궁, 알카사바(Alcazaba) 요새, 카를로스 1세(Carlos I) 궁전·산타 마리아 성당·프

그림 37 **스페인 알함브라 궁전과 입구**

란치스코회 수도원 등이다. 사자(Lion) 분수와 법정이 있다.그림 38

1984년 유네스코 세계문화유산으로 지정됐다. 무어인들의 세련된 아름다움이 표현된 알함브라 궁전은 기독교와 이슬람의 품격이 어우러진 작품이다. 아라베스크 무늬 등이 돋보인다. 미국인 어빙(Irving)이 1829년 『알함브라의 이야기 *Tales of the Alhambra*』를 출판했다. 스페인의 기타연주가 프란치스코 타레가(Tarrega)는 1898년 『알함브라 궁전의 추억』을 작곡했다. 트레몰로 주법의 이 연주곡은 스페인 낭만주의 음악의 꽃이라고 평가받았다.

그림 38 **알함브라 궁전의 헤네랄리페 정원, 나사리스 궁, 사자 분수, 알카사바 요새**

## 순례지 산티아고 데 콤포스텔라

스페인 북부 지역은 피레네산맥으로 프랑스와 접해 있다. 북부 지역은 기독교도들이 많이 살았다. 이베리아반도에서 이슬람화가 덜 미치는 곳이었다.

산티아고 데 콤포스텔라는 Santiago de Compostela라고 쓰며 스페인 북부 갈라시아 지방의 중심지다. 2018년 기준으로 220km$^2$ 면적에 96,405명이 거주한다. 1985년 「산티아고 데 콤포스텔라 옛 시가지」라는 명칭으로 유네스코 세계유산에 등재되었다. 2000년 유럽 문화수도로 선정됐다.

9세기 이후 산티아고 데 콤포스텔라 대성당은 성지순례지였다. 중세유럽의 수도사나 기독교도들은 성지순례를 위해 예루살렘을 방문하려 했다. 그러나 셀주크 투르크가 이스라엘을 포함한 중동을 장악하면서 성지순례가 어려워졌다. 그 대안이 산티아고 데 콤포스텔라 대성당이었다. 야고보의 무덤이 있다고 알려졌기 때문이다. 산티아고 데콤포스텔라까지 이르는 「순례자

그림 39 **사도 성 야고보와 산티아고 데 콤포스텔라 성당**

의 길」인 「성 야고보의 길」은 성지순례의 길이다. 로마, 예루살렘, 산티아고 데 콤포스텔라는 중세 가톨릭의 3대 성지였다.

1211년에 완공한 산티아고 데 콤포스텔라 대성당은 가톨릭 주교좌성당이다. 로마네스크, 고딕, 바로크 양식으로 지어졌다. 세베데(Zebedee)의 아들 성 야고보(St. Jacob, St. James)는 유대와 이베리아반도에서 선교활동을 했다. 그는 44년 예루살렘에서 체포되어 12사도 가운데 최초로 순교했다. 예루살렘에 안장된 유해는 스페인 갈리시아 지방으로 옮겨졌다는 내용까지 알려졌다. 전설에 따르면 814년 은둔자 펠라기우스가 밝은 별빛이 인도하는 콤포스텔라(Compostela) 마을에서 야고보의 무덤을 찾았다고 한다. 829년에 사도 성(聖) 야고보(Apostle Santiago) 무덤 자리에 성당이 세워졌다. 현재의 성당은 1075년 카스티야의 알폰소 6세 시대 펠라에즈( Peláez) 주교 후원으로 같은 성당 자리에 짓기 시작했고 1211년 완성됐다.그림 39

## 피카소의 고향 말라가

말라가(Málaga)는 남부 항구 도시다. 398km$^2$ 면적에 571,026명이 거주한다. 말라가는 파블로 피카소(Pablo Picasso)가 1881년에 태어나 어린 시절 살았던 도시다. 피카소는 평생 5만점의 작품을 남겼다. 2003년에 개장한 말라가 피카소 박물관에 피카소의 일부 작품이 소장되어 있다.

## 구겐하임 미술관의 빌바오

빌바오(Bilbao)는 북부 바스크 지방의 중심지다. 2018년의 경우 41.5km² 면적에 345,821명이 거주한다. 빌바오 대도시권 인구는 1,037,847명이다. 빌바오는 철광석을 바탕으로 제철공업이 발달했다. 빌바오는 빌보 검의 원산지다. 빌보 검은 16세기부터 사용된 칼로 칼날이 부드럽고 유연하다. 19세기 영국으로 철강을 수출해 산업화를 이루었다. 1980년대 이후 침체된 도시를 살리고자 근현대미술관 빌바오 구겐하임 미술관을 네르비온 강변에 세웠다. 미국의 미술재단 구겐하임 재단이 후원하고 프랭크 게리가 설계해 1997년에 개관했다. 빌바오 구겐하임 미술관은 특유의 디자인으로 실험적인 도

그림 40 **스페인 빌바오 프랭크 게리의 구겐하임 박물관**

전이었으며 성공적이었다. 철강업의 쇠퇴로 침체되었던 빌바오의 경제를 되살리는 데 기여했다.그림 40

스페인 왕국은 1492년 이슬람과의 전쟁에서 승리하여 세운 기독교 국가다. 기독교의 정체성을 지키고 이교도에 의한 침탈을 막으려고 이슬람과 유대교를 배격했다. 이는 중앙집권의 왕권 강화로 이어졌다. 유럽 왕가와의 혼인으로 합스부르크 스페인을 거쳐 부르봉 스페인으로 변천했다. 1492년은 스페인에게 값진 해였다. 콜럼버스가 신대륙을 발견한 것이다. 스페인은 남미로부터 금·은을 들여와 부를 축적했다. 그러나 이를 산업 자본화하지 못했다. 1898년은 스페인에게 쓰라린 해였다. 미국과의 전쟁에서 패배했기 때문이다. 패전 후 1939년 프랑코가 등장하여 우파 독재를 했다. 1978년 입헌군주제의 의회정치를 도입하고 민주화를 진행하고 있다. 스페인 사람들은 플라멩코, 투우, 축구를 좋아한다.

스페인은 광대한 식민지에 가톨릭과 스페인어를 전파했다. 스페인어는 세계적으로 5억여 명이 사용하는 세계 4위 언어다. 경제력은 관광, 제조업, 금융업, 제약업, 의류업 등에서 나온다. 2021년 기준으로 1인당 GDP는 30,996달러다. 노벨상 수상자는 문학상이 6명, 의학상이 2명이다. 로마 가톨릭이 58.2%인 기독교 국가다.

스페인의 수도 마드리드와 카탈루냐의 바르셀로나는 스페인적인 생활양식을 오롯이 담고 있다. 1561년 펠리페 2세 때 톨레도에서 마드리드로 수도를 옮겼다. 요새도시 톨레도, 알함브라 궁전의 그라나다, 기독교 순례지 산티아고 데 콤포스텔라, 피카소의 고향 말레가, 구겐하임 미술관의 빌바오 등의 도시는 스페인다움을 보여준다. 스페인은 피카소, 고야, 엘 그레코, 벨라스케스, 무리요, 미로 등 미술가와 세르반테스, 로페 데 베가 등의 문학가를 배출하여 세계적 문화국가가 되었다. 건축가 가우디는 베르셀로나를 건축 예술의 도시로 만들었다. 가우디는 바르셀로나에 성 가족성당을 세워 스페인의 문화를 고양시켰다.

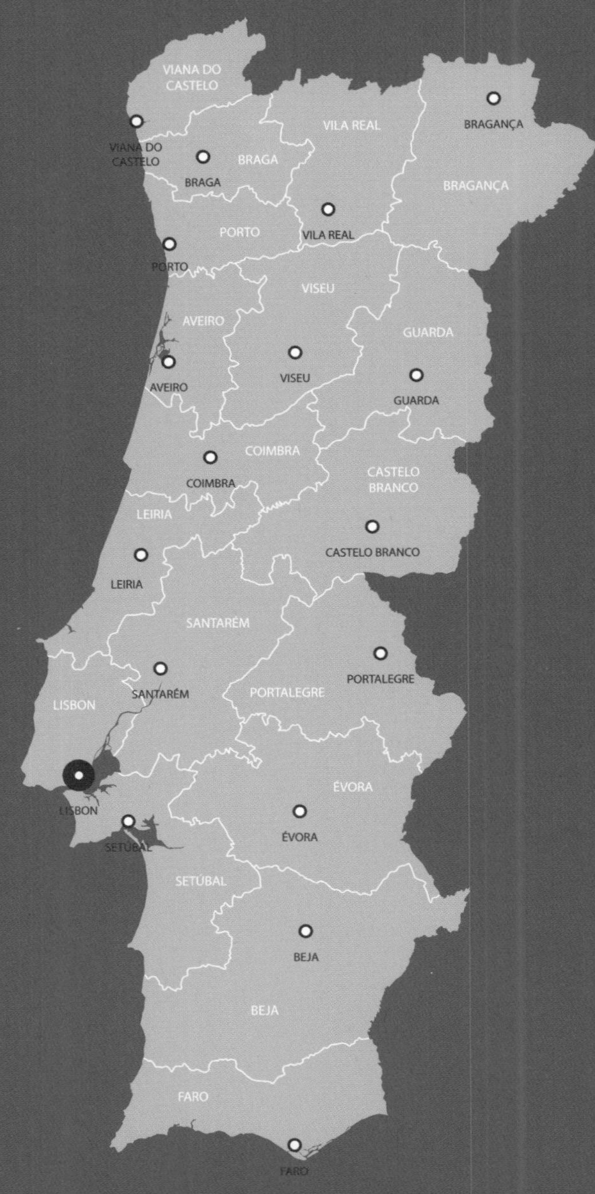
VIANA DO CASTELO
VIANA DO CASTELO
BRAGA
BRAGA
VILA REAL
VILA REAL
BRAGANÇA
BRAGANÇA
PORTO
PORTO
VISEU
VISEU
AVEIRO
AVEIRO
GUARDA
GUARDA
COIMBRA
COIMBRA
CASTELO BRANCO
CASTELO BRANCO
LEIRIA
LEIRIA
SANTARÉM
SANTARÉM
PORTALEGRE
PORTALEGRE
LISBON
LISBON
ÉVORA
ÉVORA
SETÚBAL
SETÚBAL
BEJA
BEJA
FARO
FARO

14

# 포르투갈 공화국

## 대항해 시대의 탐험가들

그림 1 **포르투갈 국기**

# 01 포르투갈 전개과정

포르투갈의 정식 명칭은 포르투갈 공화국이다. 포르투갈어로 República Portuguesa(헤푸블리카 포르투게자)로 쓰며, 영어로 Portuguese Republic라 표기한다. 수도는 리스본(Lisbon)이다. 국명은 제2 도시 포르투의 라틴어 명 Portus Cale에서 유래했다. '따뜻한 항구'라는 뜻이다. 한자음으로 포도아(葡萄牙)라고도 한다. 국토 면적은 92,212km$^2$다. 이는 이베리아 반도의 본토 88,889km$^2$와 대서양의 자치지역 아조레스 제도와 마데이라 제도를 합친 수치다. 2021년 기준으로 인구는 10,347,892명이다. 포르투갈은 북대서양과 접해 있어 바다로 나가기에 적합한 지리적 여건을 갖췄다.

포르투갈 국기는 1911년에 제정되었다. 초록색과 빨간색 두 가지 색이 세로로 그려져 있다. 초록색은 희망을 빨간색은 피를 뜻한다. 노란색 혼천의는 대발견시대의 천체와 항해 관측 도구를 나타낸다. 빨간색 방패 바깥쪽에 있는 7개의 노란색 작은 성(城)은 1249년 아폰수 3세가 무어인을 상대로 승리하여 되찾은 7개의 성을 뜻한다. 방패 안쪽에 있는 5개의 파란색 작은 방패는 예수 그리스도의 5개 성흔을 말한다는 설과 1139년 아폰수 1세가 오리케 전투에서 5명의 무어인 왕을 물리치고 승리한 것을 표현한다는 설이 있다.그림 1

포르투갈 전체 인구의 95%가 포르투갈 인이다. 이베리아, 로마, 게르만, 무어 족 등이 조상이다. 오늘날에는 동부 유럽, 브라질, 포르투갈어를 사용

진한 녹색 ■ 모국어. 녹색 ■ 공식 및 행정 언어.
연한 녹색 ■ 문화적 또는 이차적 언어. 노란색 ■ 포르투갈어 기반 크리올.
녹색 사각형 ▪ 포르투갈어를 사용하는 소수 민족.

그림 2 **포르투갈어 사용 국가 분포**

하는 아프리카 국가인 PALOP 국가 등에서 이민자가 온다. 포르투갈어는 세계에서 아홉 번째로 많이 통용되는 언어로 258,000,000명이 사용한다. 전 세계 50개국에서 쓰인다.그림 2

포르투갈이 있는 이베리아 반도에 켈트인이 살았었다. BC 219년 로마인이 이곳에 들어왔다. 로마화가 진행되어 이곳을 루시타니아(Roman Lusitania)라고 불렀고 기독교가 전래됐다. 5세기에 로마가 물러간 후 서고트족, 무어족 등이 이곳을 지배했다. 868년 페레스(Peres)는 도우르 강 북쪽지역을 정복한 후 포르투갈 백작령을 설립했다. 이 지역은 레온 왕국의 일부가 되었다. 레온 왕국의 알폰소 6세는 부르고뉴 공작의 손자인 엔히크에게 포르투갈 백작령을 부여했다. 1139년 엔히크의 아들 아폰수 1세(Afonso I Henriques)는 레콩키스타로 힘을 키워 스스로를 포르투갈의 국왕으로 칭했다. 1143년 10월 5일 카스티야와 레온에게 독립을 인정받고 국왕직을 승인받았다. 1179년 교황 알렉산데르 3세에게 국왕을 확인받아 포르투갈 왕국(Reino de Portugal)이 성립되었다. 포르투갈 왕국은 1139년부터 1910년까지 이어졌다. 1910년에 일어난 혁명으로 왕정이 폐지되고 공화정이 수립되었다.

포르투갈은 지리상의 발견시대 대항해에 나선 탐험가들의 나라다. 포르투갈에서 주앙 1세의 셋째 아들로 태어난 항해 왕자 엔히크(1394-1460)가 선봉에 섰다. 포르투갈어로 Infante Dom Henrique(인펑티 동 엔히크)로 표기하며, 「항해가 헨리 Henry the Navigator」라는 별칭을 얻었다. 1415년 그는 아버지 주앙 1세(1357-1433)가 북아프리카 무슬림 해안도시 세우타(Seuta)를 정복하도록 건의했다. 북대서양의 마데이라 제도, 아조레스 제도, 아프리카 감비아 등지의 탐사를 지원했다. 포르투갈 남단 사그르스에 「왕자의 마을」을 만들어 항해학을 장려했다. 항해가, 지리학자, 지도제작자 등을 후원해 포르투갈 대항해 시대를 열 수 있도록 후원했다. 그의 노력으로 포르투갈은 아프리카 서해안을 돌아 인도로 갈 수 있는 발판을 마련했다. 그림 3

그림 3 **포르투갈의 주앙 1세와 엔히크 왕자**

그림 4 포르투갈의 발견기념비

포르투갈에서는 세우타를 정복한 1415년부터 동티모르가 독립한 2002년의 587년간 대항해와 관련된 굵직한 일들이 계기적으로 펼쳐졌다. 바르톨로메우 디아스의 희망봉 회항(1488), 바스쿠 다 가마의 인도항로 개척, 페드루 카브랄(Cabral)의 브라질 발견(1500), 실론 콜롬보 요새 건설(1518), 프란치스코 하비에르 일본 도착(1549), 브라질 식민 수도 사우바도르(Salvador da Bahia) 건설(1549), 중국 마카오 거류권 획득(1557), 브라질 금 생산 절정기(1750년대), 브라질 식민 수도를 사우바도르에서 리우데자네이루로 이전(1763), 브라질 독립(1822), 마카오(Macau) 식민지화 선언(1849), 아프리카의 잉골라·모잠비크·기니비사우·카보베르드·상투메프린시페 식민지 독립(1974-1975), 마카오 중국에 반환(1999), 동티모르 독립(2002) 등이 전개됐다.

바스쿠 다 가마가 1498년에 진행한 인도항로 개척은 포르투갈 대항해 시대의 결정적 전기를 만들었다. 카브랄은 1500년 4월 22일 리우데자네이루와 살바도르 사이의 Porto Seguro(포르투 세구로)에 상륙했으며 이것이 브라질 발견으로 이어졌다. 1502년 1월 포르투갈 탐험대가 '일월의 강'이란 뜻의 리우데자네이루에 상륙했다.

1960년 리스본 산타마리아데벨렝의 타구스 강 연안에 엔히크 사망 500주년을 기념하여 발견기념비가 세워졌다. 기념비의 맨 앞쪽에는 항해왕자

그림 5 **포르투갈의 바스쿠 다 가마, 페드루 카브랄, 바르톨로메우 디아스**

엔히크의 조각상이 있다. 동쪽 부분에는 바스쿠 다 가마, 페드루 카브랄, 마젤란, 바르톨로메우 디아스, 아폰수 드 알부케르크 등이 있다. 서쪽 부분에는 왕족, 작가, 선교사, 화가, 여행가, 지도제작자, 항해사 등이 있다.그림 4, 5

포르투갈은 유럽, 아프리카, 아메리카를 연결하는 해상교통의 지리적 결절지 역할을 했다. 포르투갈은 브라질과 아프리카 등에 많은 식민지를 두어 포르투갈 제국(Portuguese Empire)을 구축했다. 1815년 포르투갈 제국의 면적은 4백만m$^2$에 달했다. 금(金) 무역으로 성공적인 교역을 유지했으며 50개국에 영향력을 행사했었다. 포르투갈 제국은 19세기 이후 쇠퇴의 길을 걷다가 양차 세계대전을 겪은 후 2002년에 소멸했다.그림 6

이렇게 볼 때 대항해에 나선 용기 있는 탐험가들이 포르투갈의 국운을 개척했다고 할 수 있다. 포르투갈의 해외 진출은 무역을 위시하여 포르투갈어 보급과 기독교 포교활동이 함께 병행됐다. 수도인 리스본은 해외 여러 지역

그림 6 **포르투갈 제국 1415–2002**

으로부터 들어오는 재화로 번창했다. 그러나 식민지 무역에서 획득한 부(富)는 왕실과 귀족에게 집중되었다. 큰 재화를 근대 산업자본으로 바꿔 산업국가로 발전할 수 있는 기회를 활용하지 못했다. 16세기 중엽부터 영국 수입품 대금 미상환 등으로 영국에의 경제적 종속이 심화되었다. 브라질에서 인도에 이르는 포르투갈 대제국은 네덜란드와 영국의 진출로 축소되었다.

1807년 나폴레옹이 침공해 와 포르투갈은 리우데자네이루로 천도했다. 1815년부터 1822년까지 포르투갈 브라질 알가르브 연합왕국을 세워 브라질에서 포르투갈을 통치했다. 1821년에 포르투갈 궁정은 다시 리스본으로 돌아갔다. 1822년에 브라질이 포르투갈로부터 독립을 선언함으로써 연합왕국은 해체됐다. 일각에서는 브라질 제국이 포르투갈로부터 독립을 인정받은 1825년을 연합왕국 해체 시기로 보기도 한다. 브라질이 독립한 후부터 포르투갈의 국력은 급격히 쇠퇴했다.

그림 7 **포르투갈 혁명 포스터**

1910년 10월 공화파 혁명이 일어나 공화제가 성립됐다.그림 7 그러나 1926년 쿠데타가 일어나 권위주의 정부가 들어섰다. 1974년 4월 25일 군부 소장파 장교들이 무혈 쿠데타 카네이션 혁명(Carnation Revolution)를 일으켰다. 현재의 포르투갈은 대통령 중심제를 가미한 의원내각제 공화제다.

타구스 강의 남북을 잇는 현수교 「4월 25일 다리 25th April Bridge」는 북쪽의 리스본과 남쪽의 Almada(알마다)를 연결해 지역발전을 도모했다. 1966년 상

그림 8 **포르투갈 리스본의 「4월 25일 다리」**

부에 6차선 도로를 세웠고 1999년 하부에 복선철도를 건설했다.그림 8

2011년의 경우 인구의 81%가 가톨릭을, 3.3%가 기타 기독교를 도합 84.3%가 기독교를 믿는 것으로 조사됐다. 레콩키스타로 들어선 포르투갈 왕국은 교회와 밀접히 지냈다. 15세기 이후 해외로 진출하면서 남아메리카의 일부, 인도, 아프리카 등지에 기독교를 전파했다. 1917년 파티마의 성모 발현 이후 파티마 성모 성역(Fátima's Spiritual Sanctuary)은 세계적 순례지가 되었다.그림 9

포르투갈은 1986년에 기존의 사회주의적 경제구조에서 시장경제체제로 수정했다. 주요 경제활동은 관광업, 제조업, 의·약업, 의류업, 농업, 태양광 에너지 등에서 이루어진다. 종이 기업 The Navigator Company, 목재패널 Sonae Indústria, 코르크 Amorim, 풍력 에너지 EDP Renováveis 등

그림 9 **포르투갈의 파티마 성모 성역**

그림 10 **포르투갈 파두 가수 아멜리아 호드리게스와 파두 연주 장면**

의 기업이 있다. 2021년 1인당 명목 GDP는 25,065달러다. 의학상, 문학상의 노벨 수상자를 배출했다.

포르투갈은 바다에 접해있어 해산물이 풍부하다. 정어리 요리 사르디냐(sardinha), 대구 요리 바칼랴우, 에그타르트 파스텔 드 나타 등이 포르투갈 음식으로 알려져 있다.

포르투갈 국민들은 국가에 대한 소속감, 애국심, 애향심이 강하다. UN 사무총장인 안토니우 구테흐스가 포르투갈 출신이다. 포르투갈의 정서는 사우다지(saudade)로 표현되는데, 그리움, 정(情)과 한(恨) 등의 내용을 담고 있다. Fado(파두)는 선원들의 갈망, 우수, 향수가 짙게 배어 있는 포르투갈 전통 음악이다. '운명'이란 의미다. 파두는 1820년 리스본에서 시작된 것으로 알려졌다. 여가수 Amélia Rodrigues(아멜리아 호드리게스, 1920-1999)로 상징되는 파두는 2011년에 유네스코 무형문화유산 목록에 등재되었다.그림 10

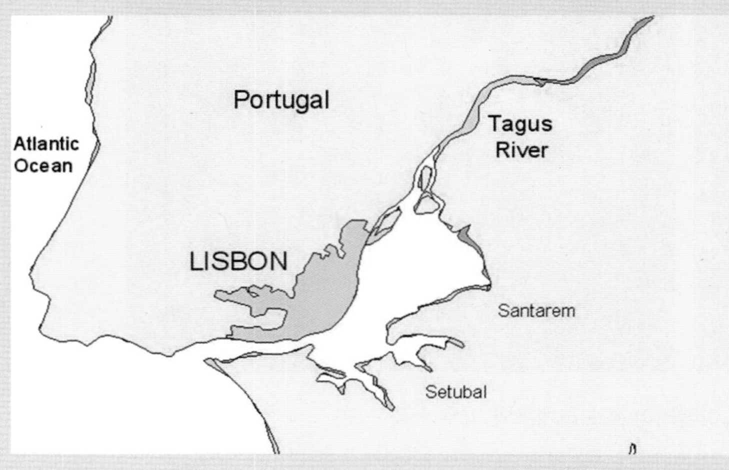

그림 11 **포르투갈의 리스본과 타구스 강**

## 02 수도 리스본

리스본(Lisbon, Lisboa)은 포르투갈의 수도다. 포르투갈에서 가장 큰 도시다. 2021년 기준으로 100.05km² 면적에 544,851명이 거주한다. 리스본 대도시권에는 3,015.24km² 면적에 3,187,834명이 거주한다. 타구스 강의 삼각 하구에 위치한 항구도시다. 타구스 강은 테주 강이라고도 한다. 총 연장 1,038km 가운데 275km가 포르투갈과 리스본을 지나 대서양으로 흘러 나간다.그림 11, 12

리스본 이름의 유래는 여러 가지다. '안전한 항구'를 뜻하는 Allis Ubbo에 유래했다는 설과 로마 이전의 타구스 강 이름인 Lisso 혹은 Lucio에서 유래했다는 설이 있다.

그림 12 **포르투갈의 수도 리스본**

그림 13 **포르투갈의 옛날 수도 코임브라**

BC 205년 로마는 리스본을 점령했다. 로마 시대에는 올리시포 혹은 그리스어로 올리시포나로 불렸다. 로마 제국 때는 카이사르에 연유하여 펠리키타스 율리아라고도 했다. 서고트 족의 지배를 거쳐 714년 이래 이슬람이 다스리면서 리사보나라 칭했다. 1147년 포르투갈 국왕 아폰수 1세가 리스본을 탈환했다. 1131년부터 수도였던 코임브라에서 1255년에 리스본으로 수도를 이전했다.그림 13

1498년 바스쿠 다 가마가 리스본을 근거로 인도 항로를 개척하면서 리스본이 번영했다. 바스쿠 다 가마의 인도항로 개척에 힘입어  타구스 강가에 새로운 왕궁도 지었다. Belém Tower(벨렝 탑), 제로니무스 수도원 등 마누엘 양식의 건조물이 들어섰다. Belém은 베들레헴에 대한 포르투갈어에서 파생된 이름이다. 1512-1519년 기간에 마누엘 1세가 세운 벨렝 탑은 스페인의 수호성인 성 빈센트를 기리기 위해 지어진 탑이다. 4층이며 높이는 30m

다.그림 14

1502-1672년 기간에 석회암으로 된 Jerónimos Monastery(제로니무스 수도원)을 세웠다. 마누엘 1세는 항해왕 엔히크를 기리기 위해 제로니무스 수도원을 건축했다. 수도원은 엔히크의 명으로 세워졌던 산타 마리아 예배당 자리에 세워졌다. 1497년 바스쿠 다 가마와 일행들이 인도 원정을 떠나기 전에 산타 마리아 예배당에서 기도의 밤을 보낸 것으로 알려져 있다. 수도원의 산타 마리아 성당 파사드에는 마누엘 1세, 성 제로니무스 등의 조각상이 있다. 남문 회랑에는 후기 고딕 마누엘 양식으로 만든 성인(聖人)과 고승 조각상 24개가 세워져 있다. 수도원에는 마누엘 1세의 유해가 안치되어 있다. 1755년 리스본 대지진 때 수도원 일부만 부서졌고 큰 피해는 없었다.그림 15

그림 14 **포르투갈 리스본의 벨렝 탑**

16세기 초 해양 무역은 포르투갈에 커다란 부와 풍요를 가져다 주었다. 「행운왕」이란 별칭이 있는 마누엘 1세(1469-1521)는 궁전을 화려하게 꾸미고 다수의 건축물을 새로 지었다. 건축 재원은 아프리카와 동방무역에서 벌어들인 세금의 일부로 조달했다. 그의 재위 중에 지어진 풍부하고 화려한 건축물 장식은 마누엘 양식(Manueline Architecture)으로 불린다. 해상무역으로 축적

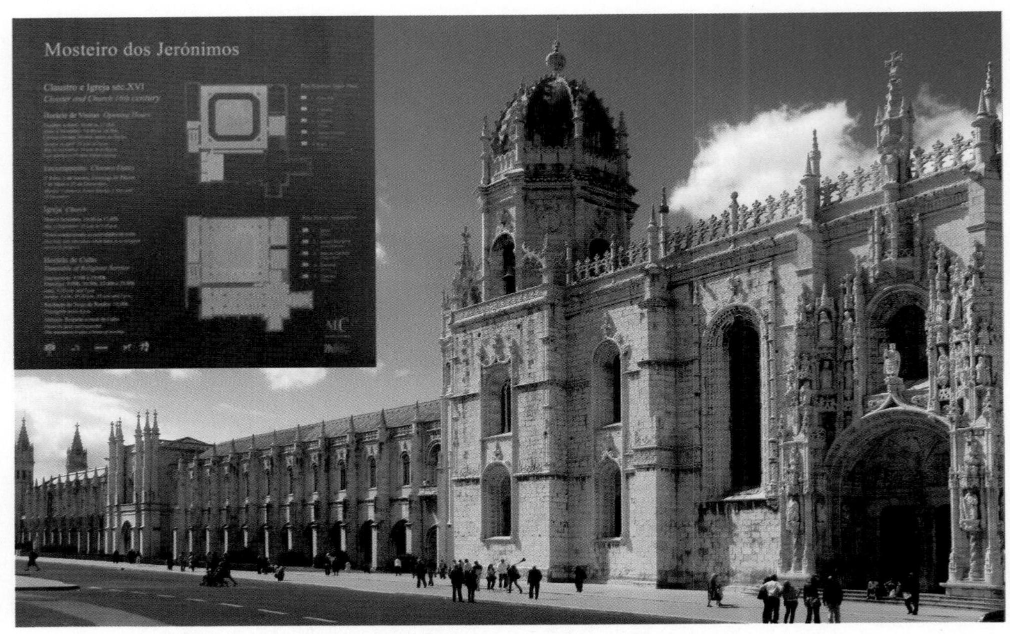


그림 15 **포르투갈 리스본의 제로니무스 수도원**

한 부를 나타내는 표현양식이 건축물에 다수 반영됐다. 예를 들어, 부표, 돛, 조개, 산호, 로프 등 바다와 관련된 장식을 많이 사용했다. 제로니무스 수도원, 벨렝 탑이 마누엘 양식의 대표적 건축물이다. 제로니무스 수도원과 벨렝 탑은 1983년에 유네스코 세계유산으로 등재되었다.

헤스타우라도레스(Restauradores) 광장은 포르투갈 사람들이 의미를 새기는 광장이다. 광장의 중앙에 있는 오벨리스크에는 1640-1668년 사이에 스페인과 싸워 승리한 포르투갈 복원전쟁의 내용이 적혀 있다. 포르투갈은 복원 전쟁 승리를 계기로 스페인과의 차별화를 통해 탈 이베리아화를 도모하며 서부유럽과의 관계개선에 나섰다.

그림 16 **포르투갈 리스본의 카르모 수도원**

1755년 11월 1일 포르투갈 서부 지역에 진도 8.5-9의 대지진(The Great Lisbon Earthquake)이 발생했다. 진앙은 포르투갈 세인트 빈센트 곶에서 서남쪽 200km 떨어진 대서양 해저로 추정되었다. 대지진의 화재·해일로 시가지의 60% 이상이 파괴되었다. 3-10만 명의 인명피해가 있는 것으로 추정되었다. 리스본에는 지진으로 역사적 건조물은 파괴되었으나, 카르멜 산의 고딕 양식 카르모 수도원(Carmo Convent)은 무너지지 않고 남았다.그림 16

폼발 후작(Pombal, 1699-1782)은 지진을 수습하고 리스본을 재건하는 작업을 진행했다. 리스본 중심 도로 대부분은 1755년 대지진 후 폼발 후작이 정비했다. 시가지를 바둑판 모양으로 구획하고 가옥의 배열도 통일하여 지진에 대비할 수 있는 리스본을 만들었다. 대지진 당시 포르투갈 통치자는 주제 1세(재위 1750-1777)였다. 그의 동상이 코메르시우 광장에 세워져 있다.그림 17

그림 17 **포르투갈 리스본의 폼발 기념비와 주제 1세 동상**

그림 18 **포르투갈 리스본의 폼발 광장과 리베르다데 거리**

헤스타우라도레스광장에서 북서쪽으로 향해 폼발 후작 광장까지 뻗은 폭 90m, 길이 1,100m의 가로수 거리가 리베르다데(Liberdade) 거리다. 1879년에 리스본의 중심가로 조성된 이 거리는 간단히 대로(Avenida)라 부르기도 한다. 리베르다데 거리에는 고급 쇼핑점, 부티크, 호텔, 대사관, 외교관저 등이 있다. 1934년에 세워진 폼발 후작 광장은 리베르다데 거리와 에두아르도 7세 공원 사이에 있다. 광장 가운데 사자상과 함께 있는 폼발후작 기념비가 있다.그림 18

리베르다데 거리 북서쪽의 에두아르도 7세 공원은 1903년 영국왕 Edward(에드워드)의 포르투갈 방문을 기념해 만든 공원이다. 에드워드 왕이 방문하기 전까지 이 공원은 리베르다데 공원(Liberty Park)이라고 불렸다.그림 19

그림 19 **포르투갈 리스본 에두아르도 7세 공원의 다양한 경관**

리스본에는 오랫동안 성격을 달리하는 4개의 지구가 성장하고 변천되어 왔다. 벨렝 지구, 바이샤 지구, 바이후 알투, 알파마 지구 등이다. 벨렝(Belém) 지구는 벨렝 탑, 제로니무스 수도원, 가톨릭 교구 등을 포함하여 정비된 리스본의 상징적 지역이다.그림 20

리스본의 저지대 도심에 바이샤(Baixa) 지구가 있다. Pombaline Downtown(폼발라인 다운타운)으로 불린다. 1755년 대지진 이후 바이샤 지구의 건물들은 지진에 대비하여 장방형으로 건물을 배치하거나 건물 사이를 내진 설계에 맞춰 단단히 지었다. 바이샤 지구는 도시활동의 각 시설이 집중해 있는 곳이다.그림 21

그림 20 포르투갈 리스본의 벨렝 지구

그림 21 포르투갈 리스본의 폼발라인 바이샤 지구

그림 22 **포르투갈 리스본의 코메르시우 광장과 루아 아우구스타 아치**

'왕궁 정원'이라고 불리는 코메르시우(Comércio, Commerce) 광장은 1755년 지진이 일어날 당시까지 포르투갈 왕궁이 있었던 곳이다. 코메르시우 광장 주변에 일부 정부기관이 있다. 광장의 루아 아우구스타 아치(Arch of Rua Augusta)는 1755년 대지진으로부터의 회복을 상징하는 개선문이다. 11m 높이의 여섯개 기둥이 있다. 기둥의 오른쪽에는 폼발 후작이, 왼쪽에는 바스쿠 다 가마 등 리스본 대지진과 인도항로 개척을 대표하는 인물들이 조각되어 있다. 광장에는 주제 1세의 기마상이 세워져 있는데, 그는 1755년 리스본 대지진 때 포르투갈의 왕이었다. 코메르시우 광장은 타구스 강으로 연결된다. 광장까지 대중교통이 들어와 늘 붐빈다.그림 22

호시우 광장과 피궤이라 광장은 시민들의 즐겨 찾는 곳이다. 1450년경 지어진 호시우(Rossio) 광장은 리스본 상업 활동의 중심지다. 광장에 동상으로 서있는 포르투갈 왕 페드루 4세는 1822년에 초대 브라질 황제로 취임한 동 페드루 1세다. 호시우 광장 바닥은 포르투갈 포장 양식인 물결 모양의 칼사다(calçada) 문양이다. 광장의 안쪽에 1846년 건축된 여왕 마리아 2세 국립극장이 있다.그림 23 1885년경 조성된 피궤이라(Figueira) 광장은 호시우 광장 오른쪽에 있다. 피궤이라 광장에는 항해 왕자 엔히크의 아버지 주앙 1세의 청동 승마 동상이 있다.

그림 23 **포르투갈 리스본의 호시우/페드루 4세 광장**

바이후 알투(Bairro Alto) 지구는 도심에 있으며 바이샤 지구 왼쪽에 있다. 이 지구는 리스본 중심지 언덕이나 바이샤 지구보다 높은 곳에 있어 높은 지역(upper district)이라 불린다. 바이후 알투 지구는 길이 좁고 구불구불한 경사지가 많다. 아파트·레스토랑·바 등이 밀집되어 있으며, 파두 음악 등 여러 공연 예술이 이뤄진다.그림 24

그림 24 **포르투갈 리스본의 바이후 알투 지구**

그림 25 **포르투갈 리스본의 알파마 지구**

리스본 교통수단은 트램, 메트로, 버스, 기차, 항공 등이 있다. 대표적 교통수단은 1873년에 마차가 끄는 방법으로 시작한 트램이다. 리스본은 7개의 언덕으로 출발한 도시이기 때문에 고지대로 오가는 교통수단이 필요했다.

리스본 고지대에 알파마(Alfama) 지구가 있다. 알파마는 '온천, 목욕탕'이란 뜻이다. 무슬림 시대부터 거주지로 발달했으며 어부들이 많이 살았다. 알파마에는 17세기에 국가 판테온으로 개조된 Santa Engrácia(산타 엔그라시아) 교회가 있다.그림 25 알파마에서 올려다볼 수 있는 상 조르제 성은 왕실 거주지와 중세 리스본의 요새 등으로 사용됐다.

그림 26 **포르투갈 리스본의 바스쿠 다 가마 다리**

1998년 인도항로 발견 500주년을 기념해 열린 리스본 엑스포에 맞춰 바스쿠 다 가마 다리와 타워(Vasco da Gama Bridge and Tower)를 세웠다. 다리는 우안 리스본 북쪽 사카벵에서 타구스 강을 건너 좌안 알쿠셰트까지 이르는 12.3km에 사장교다. 타워까지 케이블 카로 갈 수 있다. 2012년 타워 옆에 5성급 Myriad 호텔이 들어섰다.그림 26

리스본 엑스포에 즈음하여 오리엔트 역(Lisbon Oriente Station)도 건설됐다. 리스본 오리엔트 역은 스페인 건축가 산티아고 칼라트라바가 설계했다. 역의 건설과 함께 리스본 지하철 오리엔트 역이 개통되었다.

리스본에서는 마누엘 양식 풍(風)의 건축물들이 다수 확인된다. 화려한 장식과 배의 로프를 사용한 건축물이 인상적이다.그림 27 리스본 사람들의 전통가옥에 무궁화가 피어 있는 집이 있어 친근감을 준다. 일상의 생필품은 전통적인 상점에서 조달하고, 빨래 건조는 자연풍을 이용한다. 리스본 축구팀 벤피카의 주경기장은 2003년에 완공한 이스타디우 다 루스 경기장이다.

그림 27 **포르투갈 리스본 마누엘 양식 풍의 건축물**

그림 28 포르투갈 포르투의 루이스 다리

# 03 제2도시 포르투

포르투(Porto, Oporto)는 포르투갈 제2의 도시다. 포르투갈어 도시 이름에는 정관사 O가 붙어 *o Porto* 가 되며 영어로는 Oporto로 표기한다. *o Porto* 는 '항구'라는 뜻이다. 2021년 기준으로 포르투에는 41.4km² 면적에 231,962명이 거주한다. 포르투 대도시권 인구는 1,737,395명이다. 포르투갈 국명은 포르투 도시이름에서 유래했다. 대서양으로 흘러드는 Douro(도우루) 강 하구에 위치한다.

도우루 강 위에 있는 루이스(Luís) 다리와 마리아 피아(Maria Pia) 다리가 포르투와 주변 시가지를 연결한다. 루이스 다리는 에펠의 제자였던 세이리그가 설계했다. 1881-1886년 기간에 건설했다. 다리 이름은 포르투갈의 루이스 국왕 이름에서 따왔다. 2층 구조로 된 아치교로 너비 8m, 높이 85m다. 상층부는 395.25m, 하층부는 172m 길이다. 상층부는 지하철과 보행자용으로, 하층부는 자동차와 보행자용으로 사용된다.그림 28 마리아 피아 다리는 에펠이 설계했다. 1876-1877년 사이에 지었다. 다리 이름은 루이스 국왕의 왕비였던 마리아 피아에서 유래했다. 2개의 연철을 이용하여 만든 아치교다. 길이 353m, 너비 160m, 높이 60m다. 1991년 상주앙(São João) 다리가 새롭게 개통되면서 마리아 피아 다리의 기능을 대체했다.

그림 29 **포르투갈 포르투의 리베리아**

포르투는 BC 275년 로마 시대 이후 지중해와 북유럽을 오가는 상업항구 역할을 해왔다. 14세기에는 선박을 제작하는 조선소가 세워졌다. 15세기 대항해시대에 포르투는 포르투갈에서 떠나는 선단의 모항이었다.

도시에 역사적 건축물이 많아 1996년 오포르투 역사지구로 유네스코 세계 문화유산에 등재되었다. 1737년에 세워진 포르투 대성당(Porto Cathedral), 고딕 양식의 산 프란시스코 교회, 네오클래식 양식의 산마르티노 교회 등이 있다. 14-15세기에는 도시를 둘러싸는 성벽이 만들어졌다. 도우루 강 비탈진 강변에 촘촘히 들어선 건축물 대부분이 주홍색 기와다. 이런 연유로 도시 외관이 붉은색으로 보인다. 포르투 리베리아 도시경관은 아름답다.그림 29

그림 30 **포르투갈 포르투의 빌라노바드가이아**

도우루 강 남쪽에 빌라노바드가이아(Vila Nova de Gaia)가 있다. 빌라노바와 가이아 두 지역이 합쳐져 1984년에 시로 승격했다. 빌라노바드가이아는 마리아 피아 다리와 루이스 다리로 포르투와 연결된다.그림 30 빌라노바드가이아는 와인창고지역으로 포르투 와인의 본산지다. 도우루 강변 경사지를 따라 포르투 와인 포도원이 펼쳐져 있다. 와인창고에서 꺼낸 포도주는 목선 라벨로(Rabelo boat)를 이용해 포르투로 운반된다.

1881년에 완공된 포르투 렐루 서점(Livraria Lello)은 외관이 아르누보 형식이며, 서점 내부는 구불구불한 나무 계단으로 되어 있다. 소설 해리포터의 배경이 되었던 곳으로 알려졌다.그림 31 1896년부터 운행한 포르투 상 벤투

그림 31 **포르투갈 포르투의 렐루 서점과 내부**

역 벽에는 포르투갈 특유의 아주레주 도자기 타일 패널이 다양한 양식으로 장식되어 있다.그림 32 포르투 대도시권에는 포르투갈 대기업이 다수 입지해 있다. 포르투 주식시장은 세계 5위 규모의 유럽 주식거래 시장 유로넥스트의 일원이다. 1850년 수녀원의 기증으로 포르투 증권거래소가 세워졌다.

포르투갈은 지리상의 발견시대 때 대 항해에 나선 탐험가들의 나라다. 엔히크 왕자가 선도했으며, 1415년부터 2002년까지 진행됐다. 식민지에서 들여온 값진 재물을 산업자본화하지 못해 근대국가로의 발전이 늦어졌다. 식민지에 포르투갈어와 가톨릭을 전파했다. 포르투갈어는 50개 국가 258,000,000명이 사용하는 세계 9위 언어다. 포르투갈은 1986년에 시장경제 체제로 수정한 후 관광업, 제조업, 의·약업, 의류업, 농업 등의 경제활동에 주력하고 있다. 2021년 1인당 명목 GDP는 25,065달러다. 의학상, 문학상 노벨 수상자를 배출했다. 포르투갈의 기독교도는 84.3%다.

포르투갈은 1255년 수도를 코임브라에서 리스본으로 옮겼다. 리스본은 1498년 바스쿠 다 가마의 인도항로 개척으로 급성장의 물꼬를 텄다. 1755년 리스본 대지진으로 파괴되었으나 극복했다. 벨렝, 바이샤, 바이후 알투, 알파마 지구 등이 특성있게 성장하고 변천했다. 포르투는 15세기 대항해시대 포르투갈 항해의 모항이었다. 도우루 강변에 포루투 와인창고 지역 빌라 노바드가이아가 있다.

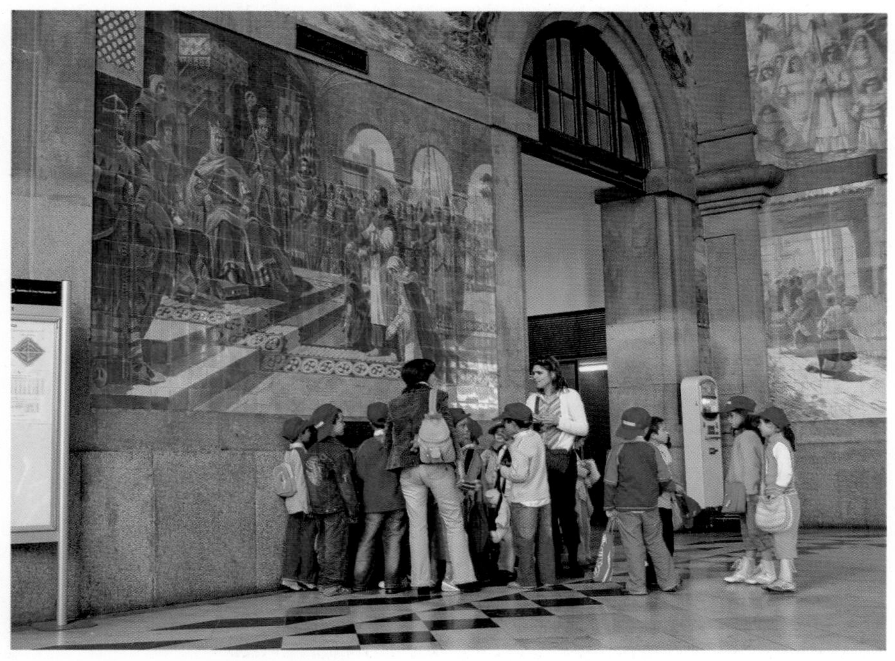

그림 32 **포르투갈 포르투 상 벤투역의 아주레주 도자기 타일 패널**

# 발칸반도

15 그리스 공화국

16 크로아티아 공화국

17 슬로베니아 공화국

18 보스니아 헤르체고비나

19 세르비아 공화국

20 몬테네그로

21 코소보 공화국

22 북마케도니아 공화국

23 알바니아 공화국

24 불가리아 공화국

SLOVENIA
CROATIA
BOSNIA AND
HERZEGOVINA
SERBIA
BULGARIA
MONT.
KOS.
NORTH
MACE.
ALB.
GREECE

그림 1 **발칸반도와 발칸산맥**

## 발칸반도

발칸반도는 유럽의 남동부에 있는 반도다. 아드리아해, 에게해, 흑해에 연해 있다. 석회암, 카르스트, 화산 등 다양한 지형이 나타난다. 지중해성 기후이나 건조하다. 11월에서 3월 사이 크로아티아, 슬로베니아 등 아드리아 동부해안에 Bora(보라)라는 강한 찬바람(寒風)이 분다.

그림 2 **발칸반도의 여러 나라**

Balkan Peninsula(발칸반도)의 명칭은 불가리아와 세르비아에 걸쳐 있는 발칸산맥에서 나왔다. 발칸산맥은 '오래된 산(old mountain)'의 뜻인 '스타라 플라니나(Stara Planina)'로 불렸다. 발칸산맥의 최고봉은 불가리아에 있는 Botev Peak(보테프 봉우리)로 2,376m다. 오스만 제국 때는 산맥 이름으로만 썼다. 19세기 이후 명칭의 범위가 확대되어 반도 전체를 지칭하는 용어로 사용하게 되었다.그림 1

발칸반도의 범위를 정하는 기준이 일정하지 않다. 본서에서 다루는 발칸반도 국가는 그리스 공화국, 알바니아 공화국, 불가리아 공화국과 구(舊) 유고슬라연방공화국에 속했던 세르비아 공화국 등 10개국이다.그림 2

## 서양 문명의 발상지와 쟁패 지역

발칸반도는 유럽과 아시아가 만나는 곳이다. 러시아가 남으로 진출하거나, 서유럽 국가가 중동으로 나갈 때 반드시 통과해야 하는 지역이다. 발칸반도는 그리스인, 로마인, 터키인, 슬라브인 등이 뒤섞여 공존해 온 지역이다. 발칸반도에서는 각 민족 간의 뚜렷한 경계 없이 다양하게 뒤섞여 살고 있다. 그러나 각 나라의 언어와 종교가 다르고, 역사적으로 외세의 시달림을 받아 갈등이 일상화된 지역이기도 했다.

고대 그리스는 서양 문명의 발상지였다. 그리스의 철학자 소크라테스, 플라톤, 아리스토텔레스의 영향력은 오늘날까지 이른다. 알렉산더 대왕은 발칸반도에서 군사를 일으켜 중·근동을 망라한 알렉산더 제국을 건설했다.

서(西)로마제국시대에이 지역은 헬라스(현재의 그리스), 달마티아(현재의 크로아티아), 일리리아(현재의 알바니아), 트라키아(현재의 불가리아), 다키아(현재의 루마니아)라 불렸다. 서로마제국의 세력이 쇠잔해진 5세기 이후 슬라브족이 발칸반도로 들어왔다. 볼가강 유역에서 이주해 온 불가리아인들이 발칸반도에 정착한 때는 7세기경이다. 330년 건국한 비잔틴제국 동(東)로마제국은 1453년 오스만 제국에게 멸망되기까지 발칸반도를 1천 년간 지배했다.

오스만은 14세기부터 발칸반도에 진출했고 오스만 제국 건설 이후에 본격적으로 발칸반도를 통치했다. 그러나 1821년에 그리스가 독립국가를 선언하면서 독립국가들이 세워졌다. 1830년에 세르비아가 탄생했다. 1800년대 후반에는 루마니아, 몬테네그로, 불가리아가 독립했다. 1912-1913년의 기간 중 그리스-세르비아-몬테네그로-불가리아로 구성된 발칸동맹이 오스만제국을 패퇴시켰다. 불가리아가 1908년에, 알바니아가 1912년에 독립했다. 1913년에 이르러 오스만 제국의 발칸 지배는 사실상 종료되었다.

발칸반도에는 1918년부터 1992년까지 유고슬라비아(Yugoslavia)가 존재했었다. 유고슬라비아는 '남(南)슬라브인들의 땅'이란 뜻이다. 1918년에 세르비아-슬로베니아-크로아티아가 왕국을 세웠다. 1929년에 국가 명칭을 유고슬라비아 왕국으로 바꿨고, 이를 계기로 「유고슬라비아」란 나라 이름이 사용되었다. 유고슬라비아 왕국은 제2차 세계대전 중인 1941년에 추축국의 침공으로 소멸하였다.

제2차 세계대전 이후 소련의 지원 아래 알바니아, 불가리아, 루마니아, 유고슬라비아에 공산정부가 들어섰다. 특히 1945년 티토는 소련의 후원으로 군주제를 폐지하고 유고슬라비아 사회주의 연방공화국을 수립했다. 유고슬라비아 사회주의 연방공화국에는 6개 국가가 포함되었다. 1990년대에 독립

**그림 3 유고슬라비아 사회주의 연방공화국과 세르비아의 보이보디나, 중앙세르비아, 코소보**

한 세르비아 공화국, 몬테네그로, 보스니아 헤르체고비나, 크로아티아 공화국, 슬로베니아 공화국, 북마케도니아 공화국 등이다. 1980년에 티토가 사망했다. 1980년대 후반에 개혁 개방의 물결이 동(東)유럽에 불어 닥치면서 소련의 발칸 지배는 1989년에 종료되었다. 시대적 흐름은 발칸반도 여러 나라가 제각기 독립하는 방향으로 흘렀다. 슬로베니아(1991 독립), 크로아티아(1991), 북마케도니아(1991), 보스니아 헤르체고비나(1992), 몬테네그로(2006), 세르비아(2006) 등이 차례차례 독립국가가 되었다. 1992년 유고슬라비아는 해체되어 역사 속으로 사라졌다.그림 3

1992년 코소보와 보이보디나 자치주를 포함한 세르비아와 몬테네그로가 「유고슬라비아 연방공화국」으로 출범했다. 2003년 유고슬라비아 연방공화국은 「유고슬라비아」라는 말을 삭제하고 「세르비아-몬테네그로」로 개칭했다. 2006년 5월에 몬테네그로가 국민투표를 통해 세르비아와 분리되었다. 이어서 코소보는 2008년에 독립했다.그림 3

서로 뚜렷한 국경 없이 뒤엉켜 살면서 끊임없이 외세의 침입에 시달리는 역사가 발칸지역에서 펼쳐졌다. 농경 사회에서 출발했던 발칸지역 사람들은 다른 민족에 대해서는 배타적이면서 자국민에 대해서는 강한 애착심을 보였다. 이러한 민족적 자부심이나 긍지는 다른 민족을 인정하지 않으려는 비(非) 타협적 민족성으로 표출되기도 했다. 여기에 종교적 신념이 덧붙여 지면 무리한 적대적 행위로 나타난다. 발칸반도에서 벌어진 쟁패 가운데 제1차 세계대전과 유고슬라비아 전쟁 등은 대표적인 갈등 사례다.

1914년 「사라예보 사건」이 터졌다. 오스트리아-헝가리 제국의 지도자가 암살된 사건이다. 사라예보 사건은 오스트리아-헝가리, 독일, 오스만 등 3개 제국의 동맹국과 러시아제국, 프랑스, 대영제국 등의 연합국 사이의 큰 싸움으로 번져 제1차 세계대전으로 발전했다.

Yugoslav Wars(유고슬라비아 전쟁)은 구(舊) 유고슬라비아의 영토에서 1991년부터 2001년까지 수차례에 걸쳐 일어난 무력 분쟁이다. 1991년에 크로아티아와 슬로베니아가 유고연방에서 이탈하겠다고 선언하자, 이를 저지해야 한다는 명분으로 전쟁이 시작되었다. 이 전쟁은 점차 민족 분규의 성격으로 확대되었다. 세르비아의 Milošević(밀로셰비치, 1941-2006)와 크로아티아의 Tudjman(투지만, 1922-1999) 두 대통령의 대결은 1991-1995년에 치열하게 전개됐다. 코소보에서도 싸움이 터졌다. 세르비아의 밀로셰비치는 "세르비아 민족의 성지인 코소보에서 이슬람교도를 추방해야 한다."라고 외치면서 참혹하게 코소보 사람들에 대한 인종청소(ethnic cleansing) 살육을 자행했다. 1992-1995년의 기간 중 수만 명의 코소보 사람들이 사망했고, 1백여만 명이 추방되거나 강제 이주당했다.

## 각 나라가 독자적인 모국어를 사용

그리스어와 라틴어는 발칸반도 언어에 영향을 미쳤다. 발칸반도에서는 각 나라가 독자적인 모국어를 사용하며 민족적 정체성을 지키고 있다.그림 2

그리스 공식어는 그리스어다. 그리스인 99%가 그리스어를 사용한다. 2012년 기준으로 그리스어를 모국어로 쓰는 사람은 대략 13,500,000명이다.

크로아티아 공식어는 Serbo-Croatian(세르보-크로아티안), Shtokavian(스토카비안) 지역에서 널리 쓰이는 표준 크로아티아어다. Croatian Vukovians(크로아티아 부코비안) 언어학자 그룹은 19세기 말과 20세기 초에 스토카비아어를 문학적 표준어로 활용하면서 음운을 살리는 맞춤법을 고안했다. 1991-2006년 기간을 기준으로 대략 5,600,000명이 크로아티아어를 모국어로 썼다. 크로아티아인의 96%가 크로아티아어를 사용한다.

슬로베니아 공식어는 슬로베니아어다. 슬로베니아 거주자의 91%가 슬로베니아어를 모국어로 사용한다. 슬로베니아는 슬라브어, 게르만어, 로마어, 우랄어 등이 만나는 문화 교류지역이다.

보스니아 헤르체고비나의 공식어는 보스니아어, 세르비아어, 크로아티아어이다. 보스니아 헤르체고비나는 보스니아 헤르체고비나 연방의 정치체제와 스릅스카 공화국의 정치체제가 공존하는 나라다. 국토의 51%인 보스니아 헤르체고비나 연방에는 보스니아인과 크로아티아인이 주로 산다. 국토의 48.5%인 스릅스카 공화국에는 세르비아인이 다수 거주한다. 이런 연유로 보스니아 헤르체고비나 연방에서는 보스니아어, 크로아티어어가 주로 쓰인다. 스릅스카 공화국에서는 세르비아어가 다수 사용된다. 유고슬라비아 시절에는 공용어였던 세르보크로아티아어로 통합된 적이 있었다. 보스니아인은 종교적인 이유로 아랍 문자를 사용하기도 했다. 보스니아어를 모국어로 사용하는 사람은 2008년 기준으로 2,500,000-3,000,000명이다. 보스니아 헤르체고비나에서 3개의 공식어를 사용하는 비율은 보스니아어 53%, 세르비아어 31%, 크로아티아어 15%이다.

세르비아 공식어인 세르비아어는 유럽 표준 언어로 평가받는다. 세르비아 키릴 문자는 1814년 세르비아 언어학자 Vuk Karadžić(부크 카라지치)가 음소 원칙을 토대로 만들었다. 세르비아어의 라틴 알파벳 latinica(라틴어)는 1830년대 크로아티아 언어학자 Ljudevit Gaj(류데빗 가즈)가 설계했다. 2009년 기준으로 약 12,000,000명이 세르비아어를 모국어로 사용했다. 세르비아인의 88%가 세르비아어를 사용한다.

몬테네그로 공식어는 2007년 헌법에 의해 몬테네그로어로 공식화했다. 그러나 2011년 인구 조사에서 인구의 43%가 세르비아어를 모국어라고 응답했다. 몬테네그로어가 모국어라고 밝힌 사람은 37%였다. 몬테네그로어를 모국어로 사용하는 사람은 2019년 기준으로 232,600명이다.

코소보 공식어는 알비나아어와 세르비아어다. 오스만제국은 알바니아 접경지역인 세르비아의 코소보 거주민에게 이슬람교의 여러 혜택을 주었다. 이런 연유로 알바니아에 사는 많은 사람들이 코소보로 이주하면서 코소보가 이슬람화되었다. 세르비아는 인종청소를 내세워 이슬람화된 코소보를 핍박했다. 이에 코소보는 2008년 세르비아로부터 독립했다. 2017년 조사에서는 코소보인구의 94%가 알바니아어를, 2%가 세르비아어를 모국어로 사용하는 것으로 조사됐다.

북(北)마케도니아 공식어는 1945년에 성문화된 표준 마케도니아어다. 2002년 인구 조사에서 마케도니아어를 쓰는 사람이 67%, 알바니아어를 사용하는 사람이 25%로 조사됐다. 1999-2011년의 기간 동안 1,400,000-3,500,000명이 마케도니아어를 모국어로 사용했다.

인종적으로 동질적인 국가인 알바니아 공식어는 알바니아어다. 남쪽에서 Tosk(토스크)와 북쪽에서 Gheg(게그) 방언이 쓰이기도 한다. 그러나 발칸 반도 전역에 알바니아인들이 흩어져 살고 있어 공용어인 알바니아어가 유용하게 활용된다. 알바니아에서는 다국어 국가로 이탈리아어, 그리스어, 프랑스어, 독일어, 영어를 사용하는 사람이 많다. 2018년 기준으로 발칸 반도에서 6,000,000명이, 2017-2018년 기준으로 전 세계에서 7,500,000명이 알바니아어를 모국어로 사용한다고 조사됐다. 알바니아인의 98%가 알바니아어를 사용한다.

불가리아 공식어는 불가리아어다. 불가리아어는 2007년부터 유럽연합 공식언어 가운데 하나가 되었다. 불가리아어를 모국어로 사용하는 인구는 8,000,000명이다. 불가리아에서 사용하는 언어 비율은 불가리아어 77%, 터키어 8%, 로마니 4%다.

## 정교회, 이슬람교, 가톨릭교가 공존하는 지역

달마티아(현 크로아티아) 태생의 Constantinus(콘스탄티누스, 재위 306-337)는 어머니 헬레나에게서 기독교를 전도 받았다. 그는 312년 10월 28일에 Milvian Bridge(밀비안 다리) 전투에서 서(西)로마제국을 격퇴했다. 콘스탄티누스는 꿈에 그리스도를 뜻하는 labarum(라바룸) 문양을 본 후, 전 병사의 방패에 이 문양을 새겨 넣어 승리했다고 한다. 라바룸은 그리스어 chi(X)와 rho(P) 두 글자를 겹쳐 놓은 문양이다. 그는 지금의 이스탄불 전신인 콘스탄티노풀을 중심으로 동로마제국인 비잔틴제국을 건설했다. 콘스탄티누스는 313년 밀라노 칙령을 반포했다. 기독교를 국교로 선포하는 칙령이었다. 기독교가 공인된 이후 로마 교구와 콘스탄티노플 교구가 정통성 문제로 갈등했다. 그 결과 양 교구는 로마 가톨릭교와 동방정교회의 양 축을 형성하게 되었다. 330년경부터 시작한 동(東)로마제국은 1천 여년의 발칸 지배 동안 동로마제국의 종교인 동방정교회(Eastern Orthodox Church)를 발칸에 널리 전파했다. 동방정교회는 '정교회'라는 말 앞에 각 나라 명칭을 두어 발칸 민족의 중심종교로 자리잡았다. 예를 들어, 그리스 정교회, 세르비아 정교회 등으로 나타냈다.

그림 4 **발칸 국가의 주요 종교 분포**

1453년 동로마제국의 뒤를 이어 오스만 제국이 등장했다. 이슬람은 콘스탄티노풀의 명칭을 이스탄불로 바꿨다. 오스만 제국은 4백여 년 동안 발칸반도에 이슬람(Islam) 교를 심었다. 이런 결과로 발칸반도의 알바니아, 코소보 등 일부 지역은 이슬람교도들이 다수 사는 곳으로 바뀌었다.

서로마제국은 BC 167년경에 발칸반도에 들어왔다. 로마와 지리적으로 가까운 발칸반도의 크로아티아, 슬로베니아 등의 지역에 로마 가톨릭교(Roman Catholic Church)가 전파되어 오늘에 이르고 있다.

발칸반도의 종교 분포는 다양하다. 종교별로 삶의 양식이 다르기 때문에 발칸반도에서의 종교는 큰 의미를 지닌다. 각 나라별로 다수를 점유하는 신도수를 중심으로 살펴보면 발칸반도의 종교는 정교회, 이슬람교, 가톨릭교 등 세 종류다. 정교회를 믿는 사람은 그리스 정교회가 90%, 세르비아 정교회가 84%, 몬테네그로에서는 동방 정교회가 72%, 북마케도니아에서는 마케도니아 정교회가 64%, 불가리아 정교회가 59%이다. 이슬람교를 믿는 사람은 코소보가 95%, 알바니아가 58%, 보스니아 헤르체고비나가 51%다. 가톨릭교도는 크로아티아가 86%, 슬로베니아가 57%이다.그림 4

세 종교가 섞여 있는 곳이 있다. 북마케도니아는 마케도니아 정교회가 64%, 이슬람교가 33%로 구성되어 있다. 보스니아 헤르체고비나는 이슬람교가 51%, 정교회가 31%, 가톨릭교가 15%이다. 알바니아는 이슬람교가 58%, 가톨릭교가 10%, 정교회가 7%이다.

발칸반도 10개국의 인구, 면적, 수도, 국기, 언어, 종교, 독립연도 등은 <표 1>과 같다.

**표 1** 발칸반도 10개국

| | 그리스 | 크로아티아 | 슬로베니아 | 보스니아 헤르체 고비나 | 세르비아 | 몬테네그로 | 코소보 | 북 마케도니아 | 알바니아 | 불가리아 |
|---|---|---|---|---|---|---|---|---|---|---|
| 인구 (2019) | 10,722,287 | 4,076,246 | 2,080,908 | 3,502,550 (2018) | 6,963,764 | 622,182 | 1,795,666 | 2,077,132 | 2,862,427 | 7,000,039 |
| 면적 (㎢) | 131,957 | 56,594 | 20,273 | 51,197 | 77,474 | 13,812 | 10,908 | 25,713 | 28,749 | 111,900 |
| 수도 | 아테네 | 자그레브 | 류블리나 | 사라예보 | 베오 그라드 | 포드 고리차 | 프리 슈티나 | 스코페 | 티라나 | 소피아 |
| 국기 | | | | | | | | | | |
| 언어 (국가명 공식어) | 그리스 99% | 크로아티아 96% | 슬로베니아 91% | 보스니아어 (공식) 53%<br>세르비아 (공식) 31%<br>크로아티아 (공식) 15% | 세르비아 88% | 몬테네그로 (공식) 37%<br>세르비아 43% | 알바니아 (공식) 94%<br>세르비아 (공식) 2% | 마케도니아 (공식) 67%<br>알바니아 25% | 알바니아 98% | 불가리아 (공식) 77%<br>터키 8%<br>로마니 4% |
| 종교 | 그리스 정교회 90% | 가톨릭 86% | 가톨릭 57% | 이슬람 51%<br>정교회 31%<br>가톨릭 15% | 세르비아 정교회 84% | 동방 정교회 72%<br>이슬람 19% | 이슬람 95% | 마케도니아 정교회 64%<br>이슬람 33% | 이슬람 58%<br>가톨릭 10%<br>정교회 7% | 불가리아 정교회 59%<br>이슬람 8% |
| 독립연도 | 1821. 3.25 | 1991. 6.25 | 1991. 6.25 | 1992. 4.7 | 2006. 6.5 | 2006. 6.3 | 2008. 2.17 | 1991. 9.8 | 1912. 11.28 | 1908.10.5 |

출처: 위키피디아
주: 상기자료에 기초하여 필자가 작성.

EAST MACEDONIA
AND THRACE
KOMOTINI
CENTRAL MACEDONIA
WEST
MACEDONIA
THESSALONIKI
KOZANI
THESSALY
LARISSA
IOANNINA
CORFU
IONIAN
ISLANDS
EPIRUS
MYTILENE
NORTH AEGEAN
LAMIA
WEST GREECE
CENTRAL GREECE
ATTICA
PATRAS
ATHENS
SOUTH AEGEAN
TRIPOLI
PELOPONNESE
CRETE
HERAKLION

# 15

# 그리스 공화국

## 서양 문명의 발상지

그림 1 그리스 국기

# 01 그리스 전개과정

그리스의 공식 명칭은 그리스 공화국이다. 그리스어로 Elliniki Dimokratía(엘리니키 디모크라티아)라 한다. 영어로 Hellenic Republic로 표기하며, 보통 Greece(그리스)라 칭한다. 한글로 희랍(希臘)이라고도 한다. 발칸반도의 남단지역과 주변 1,400여 개의 도서로 이루어져 있다. 2020년 기준으로 131,957km² 면적에 10,718,565명이 산다. 수도는 아테네다. 전형적인 지중해성 기후다.

그리스 국기는 「파란색과 흰색」이라 불린다. 국기의 파란색과 흰색은 하늘과 바다를, 하얀 십자가는 동방 정교회를 상징한다. 파란색과 흰색이 번갈아 나타나는 9개의 동일한 가로 줄무늬와 흰색 십자가가 있는 위쪽 호이스트 쪽 모서리에 파란색 칸톤이 있다. 9개의 줄무늬는 자유를 나타낸다. 1822년에 채택되었다.그림 1

그리스의 탄생은 그리스 신화에서 비롯된다. 인간의 사악함이 큰

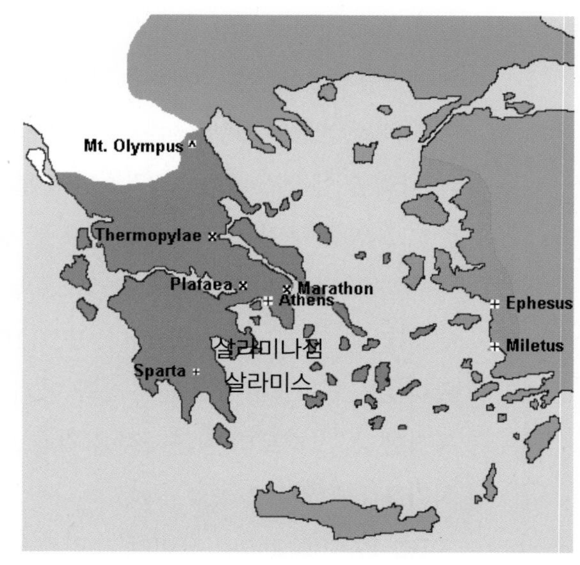


그림 2 그리스–페르시아 전쟁

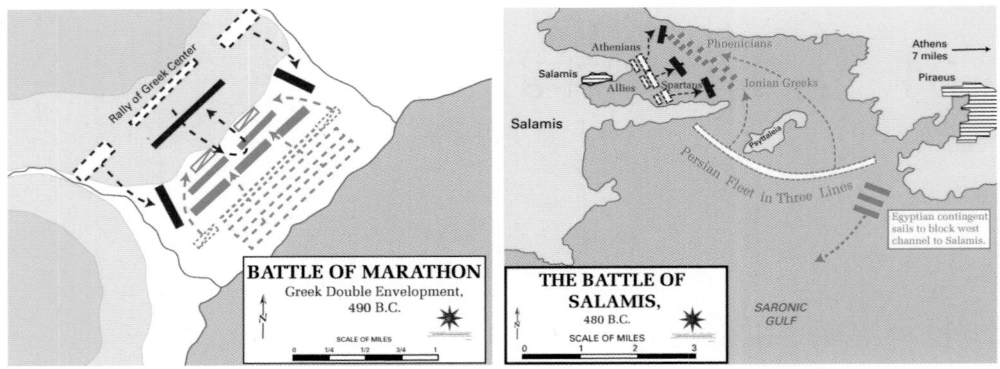


그림 3 **마라톤 전투와 살라미스 전투**

철의 시대에 제우스가 큰 홍수로 인류를 멸망시켰다. 홍수에서도 프로메테우스의 아들 데우칼리온은 무사했다. 그리고 데우칼리온의 아내 피라도 살아 남았다. 데우칼리온과 피라 사이에서 맏아들 Héllēn(헬렌)이 태어났다. 헬렌은 프로메테우스의 손자가 된다. 헬렌은 산(山)의 님프 오르세이스와 결혼하여 3형제를 낳았다. 이들은 고대 그리스를 이룩한 주요 부족이 되었다. 이에 그리스인들은 헬렌(Héllēn)을 조상이라고 여긴다. 여기에 기초하여 자신들의 나라를 헬라스(Hellas) 그리스인을 헬레네스(Hellenes)라 부른다. 2011년 기준으로 인종 구성은 그리스인 91.6%, 알바니아인 4.4%, 기타 4%다.

그리스 역사는 고대(古代) 그리스로부터 출발한다. BC 1100년경-BC 146년 기간을 고대 그리스라 한다. BC 1100년경에 그리스에 도리스인이 들어왔다. BC 650년경에 스파르타와 아테네를 중심으로 본격적인 도시국가가 등장했다. 스파르타는 군사력을 갖춘 도시였다. BC 510년 아테네는 민주정치가 시작되었다.

BC 499-BC 449년 사이에 그리스-페르시아 전쟁이 터졌다. 고대 그리스 도시국가 연합이 페르시아 제국에 대항한 싸움이었다. BC 490년 2만 명의 아테네 시민군이 마라톤 전투에서 아테네를 공격한 10만 명의 페르시아 군을 물리쳤다. BC 480년 살라미스 해전에서 그리스 함대가 페르시아에게 승리했다. 전쟁에 승리한 그리스인들은 인간에 대한 자신감을 갖게 되었다.그림 2, 3

그림 4 **아테네의 페리클레스**

페리클레스(Pericles)가 등장해 페리클레스 시대를 열었다. 그가 아테네를 지도하던 BC 457-BC 429년의 28년간은 아테네 민주주의의 절정기였다. 그는 시민에게 일자리를 제공하고 귀족에 맞서 시민의 지지를 얻어냈다. 그는 예술과 문학을 장려하고, 파르테논 신전 등 여러 건설을 추진했다.그림 4

BC 431-BC 404년 사이에 펠로폰네소스 전쟁이 전개됐다. 그리스 도시국가인 아테네와 스파르타 등 여러 도시국가들이 패를 갈라 싸우는 내전이 발발한 것이다. 결과는 그리스의 몰락으로 이어졌다.그림 5

BC 4세기 그리스 북부에서 마케도니아(Macedonia) 부족연합이 일어섰다. 마케도니아 필립 2세 왕은 BC 338년에 스파르타를 제외한 그리스 대부분 도시국가를 장악했다. 그의 뒤를 이어 등장한 알렉산더 대왕(Alexander the Great, BC 356-BC 323)은 동방 원정으로 소아시아 주변지역 모두를 제패했다. 그는 그리스 문화를 헬레니즘(Hellenism) 문화로 발전시켰다. 그리스는 알렉산더 대왕이 죽은 BC 323년부터 로마에 정복된 BC 146년까지 헬레니즘 시대로 지냈다.그림 6 BC 146년 고대 그리스는 코린토스 전투에서 로마에 패해 로마에 정복되었다. 고대 그리스 시대가 끝났다.

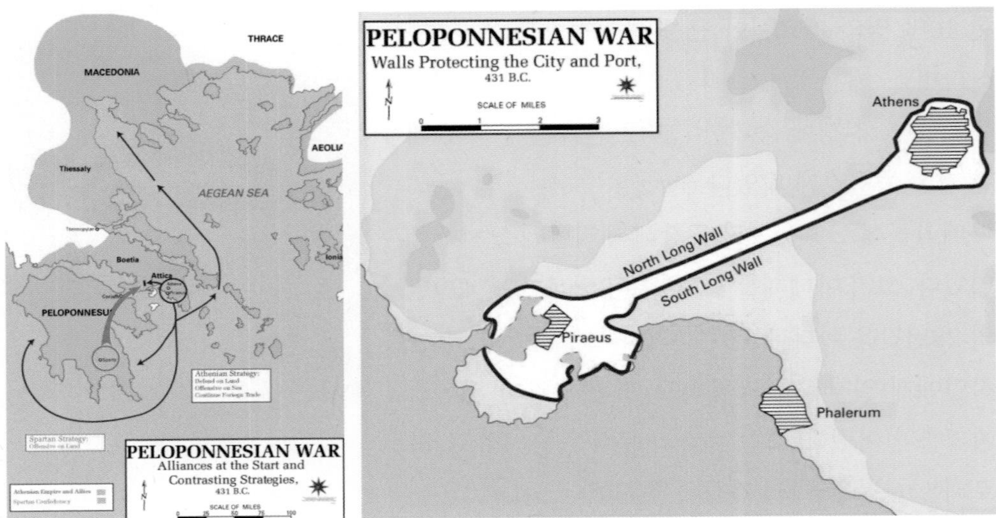


그림 5 **펠로폰네소스 전쟁**

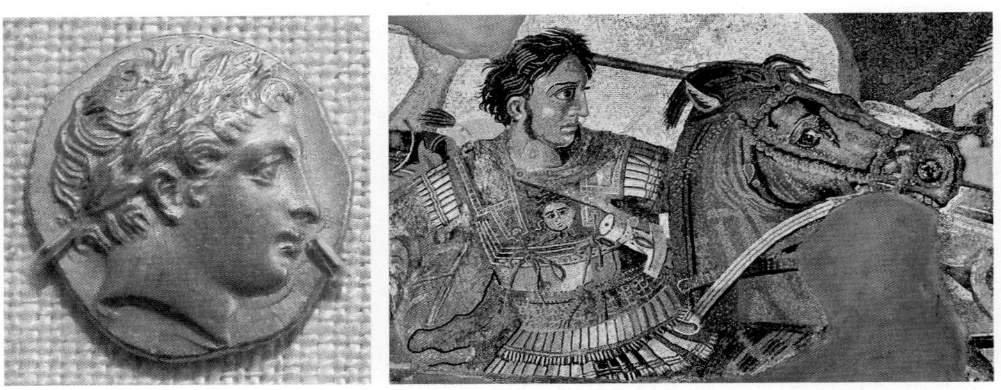

그림 6 **마케도니아의 필립 2세와 알렉산더 대왕**

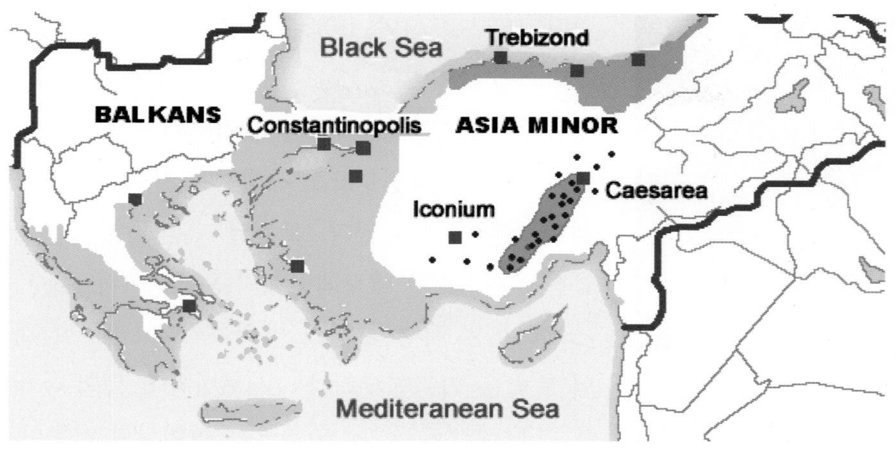


그림 7 **그리스어 분포** ■ **일반** ■ **고급** ■ **카파토키아**

BC 146년 이후 그리스는 서로마제국과 동로마제국의 영향 아래 있었다. 1453년 오스만제국이 콘스탄티노플을 정복하여 동로마제국이 멸망했다. 1458년 오스만제국은 아테네를 함락했다. 그리스는 1821년 근대 그리스가 독립을 선언할 때까지 오스만 투르크인의 지배를 받은 오스만령 그리스(Ottoman Greeks)로 지냈다. 결국 그리스는 BC 146년부터 1821년까지 거의 2천 년간 로마제국과 오스만제국의 지배를 받은 결과가 되었다. 그러나 이 기간 동안 발칸반도와 소아시아 지역에 그리스어가 널리 퍼졌다.그림 7

18세기에 이르러 그리스는 자유주의·민족주의 운동에 눈을 떴다. 1821년 3월 25일 그리스는 독립을 선언했다. 아기아 라브라 수도원에서 게르마노스 주교가 그리스 혁명의 깃발을 들었다. 1821-1830년 기간 그리스는 터키에 대항해 독립운동 전쟁을 벌였다. 1830년 그리스는 영국·프랑스·러시아가 합의한 런던의정서(London Protocol)로 독립을 보장받았다. 1822-1832년은 제1공화국, 1924-1935년은 제2공화국, 1974년 이후 현재까지는 제3공화국

그림 8 **게르마노스와 그리스 독립**

이다. 1832-1924년, 1935-1941년, 1944-1973년은 그리스 왕국이었다. 1941-1944년은 세계 2차 대전 추축국인 독일·이탈리아와 불가리아에게 점령당했다. 1974년 국민투표로 왕정이 폐지되고 그리스 제3공화국이 출범했다. 오늘날 그리스는 대통령 중심제를 가미한 내각책임제의 공화국이다.그림 8

그리스는 서양 문명의 발상지다. 그리스 문화의 출발은 기원전부터다. BC 6세기에 물의 논리를 편 탈레스(Thales, BC 624-BC 548), 형이상학·천문학·지리학을 연구한 아낙시만드로스(Anaximandros), 공기를 논의한 아낙시메네스(Anaximenes) 등은 자연을 물리적으로 모색하는 이오니아 밀레투스(Miletus) 학파였다. 피타고라스(Pythagoras, BC 570-BC 495)는 수학·형이상학 등을 정리했다.

BC 449년에 끝난 그리스-페르시아 전쟁 승리는 그리스인의 정신세계를 긍정적으로 변혁시켰다. 아테네는 페르시아 전쟁 승리의 중심지였다. 인간의 이성을 바탕으로 한 인간 중심의 문화를 추구했다. 정신과 육체의 조화를 표현한 예술을 창조했다. 소포클레스와 에우리피데스의 문학, 헤로도투스와 투기디테스의 역사, 아리스토파네스의 희곡, 페이디아스와 폴리크리투스의 조각과 미술 등에 이르기까지 고대 그리스 문화는 여러 학문적 토양을 구축했다.

그림 9 **소크라테스, 플라톤, 아리스토텔레스**

당시 민주정치는 변론 능력을 요구해 궤변이 많았다. 프로타고라스, 프로디코스 등 궤변가 소피스트들이 등장했다. 허나 이와 같은 풍조를 바로잡으려고 대화와 철학을 설파하며 실천한 사람이 Socrates(소크라테스)였다. 소크라테스의 제자인 Platon(플라톤)과 플라톤의 제자이며 알렉산더 대왕을 가르친 Aristoteles(아리스토텔레스) 등이 지혜(sophia, wisdom)를 사랑하는(philos, loving) 철학을 체계화했다. 소크라테스는 BC 470-BC 399년에, 플라톤은 BC 428-BC 347년에, 아리스토텔레스는 BC 384-BC 322년에 활동했다. 이들은 고대 그리스의 3대 사상가로 평가받고 있다.그림 9

BC 323년까지 활동한 알렉산더는 자기가 정복한 지역에 그리스 문화를 전파했다. 그는 헬레니즘 문화와 현지 문화가 결합되는 헬레니즘화(Hellenization)를 진행했다. BC 312-BC 63년에 있었던 셀레우코스 제국이 알렉산더 헬레니즘 문화 계승국 중 영토가 가장 넓었다. 이집트의 알렉산드리아, 아테네, 로도스 섬, 안티오크 등의 도시는 헬레니즘 학문을 주도하는 곳이었다.그림 10

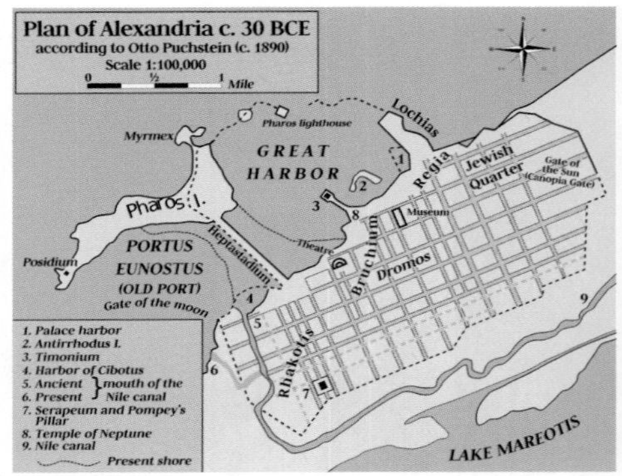

그림 10 **이집트의 헬레니즘 도시 알렉산드리아**

헬레니즘 문명은 BC 323에서 BC 146년 사이에 고대 그리스의 영향력이 절정에 달한 시대에 빛났다. BC 2세기경에 만들어진 『사모트라케의 날개달린 승리 *Winged Victory of Samothrace*』 또는 『사모트라케의 니케 *Nike of Samothrace*』는 헬레니즘 시대를 대표하는 대리석 조각이다. 그리스 신화의 니케는 승리와 정복의 신을 뜻한다. 1884년 이래 루브르 박물관에 전시되어 있다. 브라질 국립 미술박물관에는 복사작품이 있다.그림 11

그리스 문화에 바탕을 둔 헬레니즘은 로마로 넘어갔다. 로마 시대에 지도층은 그리스 문화에 심취하여 그리스어를 사용했다. 라틴어도 활용됐다. 로마가 그리스를 정복했으나 그리스 문화가 로마를 지배했다고 할 정도였다. 그리스 문화는 9-13세기의 이슬람 황금시대와 서유럽 르네상스를 촉발시켰다.

그리스인 대부분이 그리스어를 국어로 사용한다. 그리스의 산업별 노동력은 농업 12.6%, 산업 15%, 서비스업 72.4%다. 식품·담배 가공, 운송·조선, 광업·화학·금속, 관광 등이 주 산업이다. 2021년 1인당 GDP는 19,673달러다. 노벨 문학상 수상자가 2명 있다. 종교는 2017년 기준으로 그리스 정교회 교도가 90%다.

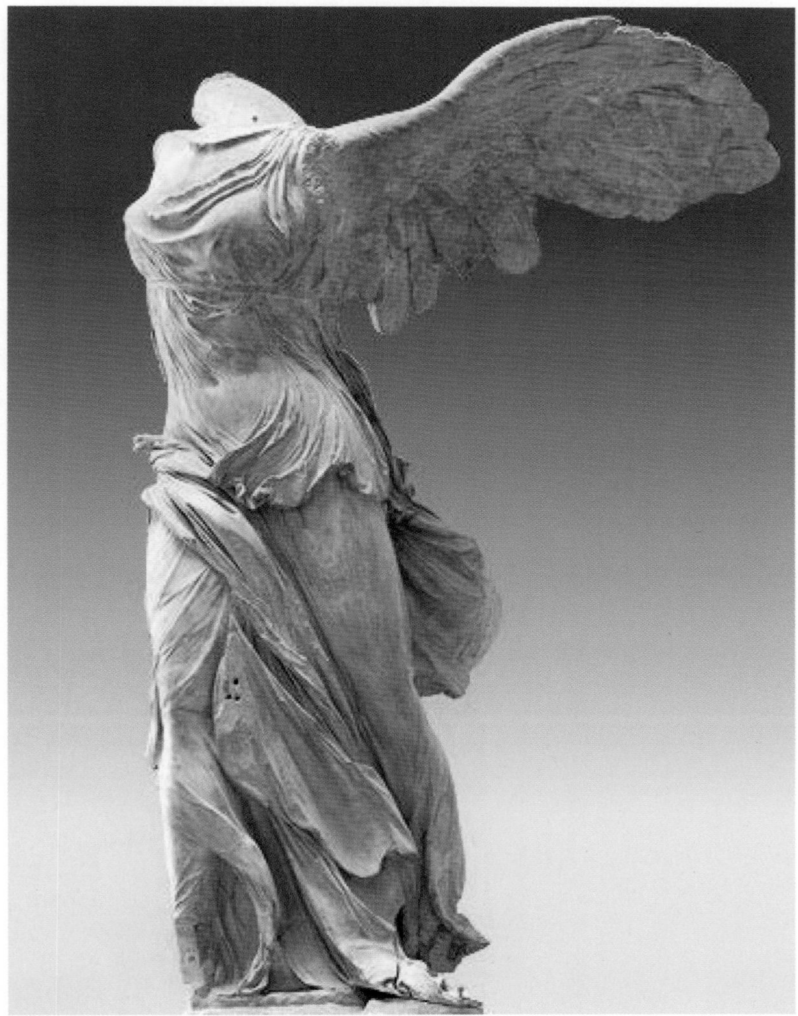

그림 11 **사모트라케의 헬레니즘 조각 『날개달린 승리』**

그림 12 **그리스의 수도 아테네와 리카베토스 산**

# 02 수도 아테네

아테네(Athene, Athenai, Athens)는 1834년부터 그리스의 수도다. 38.96km$^2$ 면적에 664,046명이 산다. 아테네 광역권에는 3,753,783명이 거주한다. 시의 명칭은 19세기에 한때 복수형인 아테나이로 쓰인 적이 있다.

아테네에 관한 기록은 3,400년전부터 나온다. BC 11세기 이래 사람이 살았으며, BC 5백 년경에 문명의 중심을 이뤘다. 아테네는 아테네 분지상 지형인 아티카 중앙평원에 입지했다. 대기 순환이 원활하지 않아 환경이 문제가 된다. 해발고도 156m의 아크로폴리스를 비롯하여 작은 언덕이 여러 개 있다. 북동쪽 리카베토스 산이 해발고도 277m로 가장 높다. 리카베토스 산 위에는 19세기에 들어선 성 조지 채플이 있다.그림 12

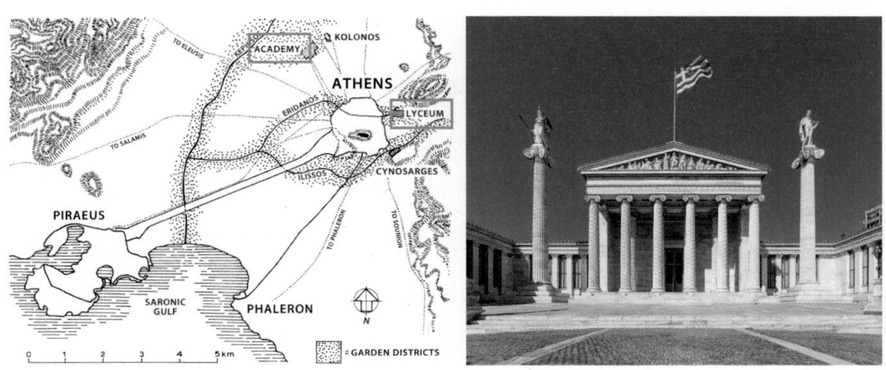


그림 13 **플라톤의 아카데미, 아리스토텔레스의 리세움과 아테네의 아카데미**

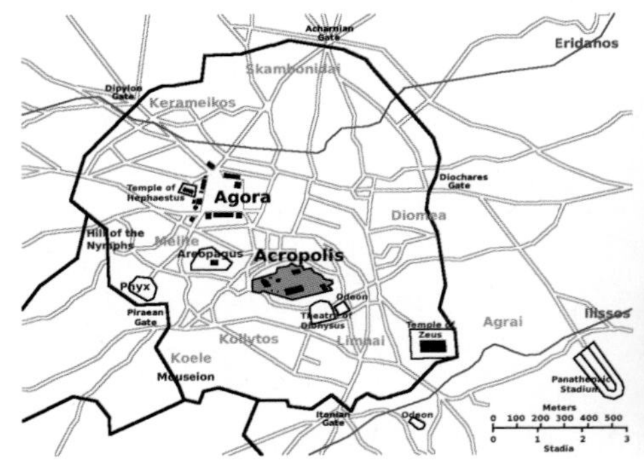

그림 14 **아테네의 아크로폴리스와 아고라**

고대 아테네는 강력한 도시국가로 학문·철학·예술의 중심지였다. 플라톤의 아카데메이아(아카데미)와 아리스토텔레스의 리케이온(리세움)이 아테네에 있었다. 청년 교육에 열심이었던 소크라테스는 자주 아카데메이아와 리케이온의 김나시온 청년들을 둘러보았다.그림 13

BC 387년 플라톤은 아테네 서북쪽 교외 아카데무스(Academus)의 숲에 아카데미(Academy) 학원을 지었다. 아카데무스는 그리스 신화에서 아테네를 지킨 영웅으로 이 숲이 그의 묘지로 여겨졌다. 플라톤은 이곳 지명인 그리스어 아카데메이아(Akademeia)를 그대로 학원 이름으로 썼다. 이곳에서 철학, 수학, 자연과학, 천문학, 수사학, 정치학 등이 교육되었다. 로마 독재자 술라가 BC 86년에 아카데미를 파괴했다.

리케이온(Lykeion, Lyceum)은 고대 아테네 숲 속에 있던 체육장 내지 공공모임 장소였다. 리케이온 이름은 수호신 아폴론 리케이오스(Lykeios)에서 따왔다. BC 334년 아리스토텔레스가 리케이온에 소요학파를 세웠다. BC 323년 아리스토텔레스는 아테네를 떠났다. BC 86년에 이르러 술라가 리케이온을 폐쇄했다. 리케이온 유적은 1996년 아테네 의회 뒤에 있는 공원에서 발굴했다.

1926년 새로운 연구기관 아테네 아카데미가 설립됐다. 건물 앞에는 아테네 여신과 아폴로 신의 입상, 그리고 플라톤과 소크라테스의 좌상이 있다.그림 13

아테네의 아크로폴리스와 아고라는 그리스의 랜드 마크다. 신전과 관공서가 있는 아크로폴리스가 종교와 정치 중심지였다면, 아고라는 일상적인 시민 생활의 중심지였다.그림 14

아크로폴리스(Acropolis)는 높다는 뜻의 akros와 도시를 뜻하는 polis가 합쳐진 말이다. 그리스 도시국가는 전사계층(戰士階層) 사회였다. 이런 연유로 방어에 적합한 언덕이 선정되고 거기에 성벽을 쌓았다. 아크로폴리스에 여러 신전(神殿)을 세워 신앙의 중심지로 삼았다. 아테네 아크로폴리스는 바위 언덕 위에 있다. 언덕 높이는 156m다. 아테네 아크로폴리스에는 파르테논 신전 등 세 개의 신전과 블레의 문, 플로필레아 문 등, 두 개의 현문이 있다. 페리클레스 시대 조각가 페이디아스(Pheidias, BC 480-BC 430)가 건설을 주관했다. 익티노스는 설계를, 칼리크라테스는 공사를 맡았다. 페리클레스 시대인 BC 457-BC 429년 사이에 대부분 건설됐다.그림 15

그림 15 **그리스 아테네 아크로폴리스의 건물 명칭**

파르테논 신전은 마라톤 전투에서 페르시아를 승리

그림 16 **아테네의 파르테논 신전과 유네스코 로고**

한 것을 기리며 여신 아테나를 칭송하기 위해 지어졌다. 파르테논의 명칭은 미혼여성의 집이라는 뜻인 Parthenon에서 유래했다. BC 447-BC 432년 기간에 익티노스와 칼리크라테스가 파르테논 신전을 세웠다. 고대 그리스의 대표적인 신전 건축물로 도리스 양식이다. 기둥의 간격을 균일하게 보이도록 건축했으며 건축 자재 대부분이 백 대리석이다. 3단의 계단 형태로 이루어져 있다. 기단(基壇) 주위로 모두 46개의 도리아 식 기둥이 둘러싸고 있다. 신전 중앙에는 아테나 여신상(Status of Athena)이 서 있었다. 1897년 미국 내슈빌 박람회를 기념하여 파르테논 신전의 복제품을 짓고 아테나 여신상을 만들어 전시하고 있다. 파르테논 신전은 1987년 첫 번째 유네스코 문화유산이 됐다. 파르테논 신전은 유네스코를 상징하는 마크로 쓰고 있다.그림 16

에레크테이온(Erechtheion) 신전은 이오니아식 신전이다. BC 421-BC 406년 기간에 완성되었다. 신전의 명칭은 아테네의 전설적 영웅 Erechtheus(에렉테우스)의 이름을 땄다. 북쪽과 동쪽 현관에 각각 6개의 기둥이 있다. 남쪽의 6개 여인 조각상 기둥은 여성미를 강조했다.그림 17

그림 17 **아테네 아크로폴리스의 에레크테이온 신전**

아테네 니케 신전은 아테네 여신 아테나를 모시던 신전이다. BC 420년경 아크로폴리스 입구인 프로필레아 오른쪽 모서리에 세워졌다. 아크로폴리스에서 가장 오래된 이오니아식 신전이다. Athena Nike(아테나 니케)는 지혜의 여신 아테나의 승리를 뜻한다.그림 18 고대(古代) 여신이 샌들 끈을 고쳐신는 조각상은 아크로폴리스 박물관에 있다.

불레의 문(Boule Puli)은 아크로폴리스로 들어가는 첫 번째 관문이다. 1853년 블레가 이 문을 발굴해 그의 이름에서 따왔다. 그 다음으로 플로필레아(Propylaea) 문을 통과해야 한다. 플로필레아는 '큰 관문 입구'라는 뜻이다. BC 437년 므네시클레스가 설계했으나 BC 432년 미완성으로 종결됐다. 플로필레아는 페르시아 전쟁 후 아크로폴리스를 재건하기 위해 페리클레스가 위

임한 기념사업 가운데 하나였다. 흰색 대리석과 회색 대리석의 석회암으로 지어졌다. 도리스식과 이오니아식이 조화를 이룬 문이다.그림 19

그림 18 **아테네 아크로폴리스의 아테나 니케 신전**

그림 19 **아테네 아크로폴리스의 프로필레아 정문**

아크로폴리스 파르테논 신전은 외세의 지배를 받으면서 시대에 따라 교회·모스크·무기고 등으로 사용되었다. 파르테논 신전은 비잔틴제국 때 동방정교회로, 십자군 점령 때는 가톨릭교회로 사용되었다. 15세기 말 이후 오스만 제국은 파르테논 신전을 모스크로 사용했다. 1687년 파르테논 신전에 폭발이 일어나 치명타를 입었다. 1801-1812년간 영국인 엘긴은 신전 대리석을 영국으로 가져가 엘긴마블스 컬렉션(Elgin Marbles Collection) 이름으로 대영박물관에 전시했다. 바이런(Byron)은 엘긴의 행위는 약탈이라고 비판했다.

파르테논 신전의 건축자재는 석회석과 대리석의 탄산칼슘이 주성분이다. 아테네 환경이 나빠져 파르테논 신전 유지와 보전에 각별한 노력이 필요하게 되었다.

아고라(Agora)는 '사다'라는 뜻의 아고라조(Agorazo)에서 비롯됐다. 아고라는 시장 기능과 시민의 집합 장소라는 개념으로 확대되었다. 아고라는 도시 중앙이나 항구 근처에 만들어졌다. 아고라에 상점, 공공건물, 분수 등이 들어섰다. 아테네의 아고라는 규모와 배치 면에서 대표적이다. 고대 아테네에서 아고라는 시장이 열리는 경제 활동의 중심지이자 의사소통의 중심지였다. 학문과 사상 등에 대한 토론이 이루어지면서 문화와 예술의 중심지 역할도 했다. 집회나 재판도 아고라에서 열렸다. 아고라는 그리스와 헬레니즘 도시국가 곳곳에 세워졌다. 로마가 다스리던 시대에 지은 로마식 아고라가 아테네에 있다. 로마에서는 forum(포럼)이라는 명칭으로 계승되었다.

아고라에 시민들의 재판을 담당했던 시민법정이 있었다. 시민법정은 단심제로 배심원이 재판했다. 배심원은 아테네 시민이 추첨으로 뽑았다. BC 399년에 소크라테스의 재판이 열렸다. 유력 인사에게 부탁받은 멜레토스는 "폴리스가 인정하는 신들을 믿지 않고 다른 새로운 신성을 끌어들임으로써 청년들을 타락시켰다. 이런 죄상으로 사형을 요구한다."며 소크라테스를 고발했다. 소크라테스는 "청년들을 교육하는 아테네의 양심이 나다. 폴리스의 신들을 믿지 않는다는 중상모략을 그만두라."고 항변했다. 그러나 배심원 평결에서 281표는 소크라테스가 죄가 있다 했고, 220표는 무죄라고 했다. 소크라테스는 결정을 그대로 받아들여 생을 마감했다.

올림픽은 그리스에서 시작됐다. 고대 올림픽은 BC 776년부터 393년 사이에 4년마다 개최되어 293회까지 계속되었던 제전경기(祭典競技)였다. 그리스의 주신(主神) 제우스에게 바치는 경기였다. 393년 로마제국 테오도시우스 1세는 올림픽이 반(反)기독교 행사라는 연유로 고대 올림픽을 끝냈다. 고대 올림픽에는 운동을 비롯하여 문학·예술·연극 등의 분야를 겨루었다. 올림픽 경기장은 마라톤 전투의 승전보를 알리기 위해 한 병사가 42.195km를 달려와 승전을 알렸다는 곳이기도 하다. 고대 경기장은 말발굽 모양의 구조로 되어 있다. BC 330년 파나테나이크 스타디움으로 개장했다. 144년에 '아름다운 대리석'이란 뜻의 Kallimarmaro(칼리마르마로)로 보수했다. 1896년 이곳에서 프랑스의 쿠베르탕 남작이 고대 올림픽을 되살려 제1회 근대올림픽을 개최했다. 그리스의 박애주의자 아베로프가 후원했다. 아테네 경기장에서 2004년 28회 아테네 하계 올림픽을 개최했다.그림 20 BC 590년 건설된 올림피아 헤라 신전에서 올림픽 성화(Olympic flame)가 채화(採火)되었다.

그림 20 **아테네의 올림픽 경기장 칼리마르마로**

아크로폴리스의 북동부는 시의 중심부다. 1843년부터 사용되던 왕궁은 1934년에 국회의사당으로 바뀌었다. 이곳에 1834년에 조성된 헌법 광장(Syntagma Square)이 있다. 집회 장소로 쓰인다.

그림 21 **그리스 아테네 외항 피레우스**

BC 493년 테미스토클레스가 피레우스(Piraeus)를 요새화했다. 피레우스 항은 아테네의 외항으로 아테네 경제를 활성화하는 데 중요한 역할을 한다. 피레우스 항구는 유럽 각국으로 연결되며, 에게해와 지중해 섬들로 가려면 이 항구를 거쳐야 한다. 피레우스 항구는 크레타 섬 출신 니코스 카잔차키스의 소설 『그리스인 조르바 *Zorba the Greek*』(1946)의 무대가 되었던 곳이다.그림 21

그림 22 **그리스의 화산섬 산토리니**

그리스 본토에서 200km 남쪽 에게해 키클라데스 제도 남단에 산토리니(Santorini) 섬이 있다. 90.69km$^2$ 면적에 15,550명이 산다. 본섬은 티라(Thira)다. 3,600년 전에 미노아 화산 폭발을 시작으로 1950년까지 폭발한 화산섬이다.그림 22

그림 23 **테살로니키의 워터프론트 네아 팔라리아**

# 03 제2도시 테살로니키

테살로니키(Thessaloníki)는 에게海의 양항(良港)으로 테살로니카(Thessalonica)라고도 한다. 19.307km² 면적에 325,182명이 산다. 테살로니키 대도시권 인구는 1,030,338명이다. 테살로니키는 그리스 제2의 도시다. 이 도시는 BC 315년 마케도니아 카산드로스(Kassandros)가 건설했다. 그의 아내 테살로니키(Thessalonike) 왕비의 이름을 따서 시(市)의 이름을 정했다. 알렉산더와 카산드로스는 마케도니아 리케이온에서 아리스토텔레스에게 배웠다. 테살로니키는 알렉산더의 이복 여동생이다. 2014년 에게해 연안에 Nea Paralia(네아 팔라리아)라는 새로운 워터프론트를 조성했다.그림 23

테살로니키의 바르다르 강과 헝가리의 도나우강이 연결됨으로써 테살로니키는 유럽 내륙의 출입구 역할을 한다. 735km 거리다. 테살로니키는 알바니아 두러스에서 터키 이스탄불에 이르는 1,120km의 에그나티아 가도(街道)(Via Egnatia) 중간에 있다. 아드리아해와 에게해를 잇는 에그나티아 가도는 BC 2세기에 로마가 건설했다.그림 24

299년 로마 갈레리우스 황제는 페르시아를 정복하고 이를 기념하여 갈레리우스 아치를 세웠다. 306년 성전(聖殿) 용으로 갈레리우스 원형홀이 지어졌다. 레프코스 피르고스는 니키스 거리에 세워진 도시의 랜드 마크다. 오스만 제국 시절인 1430년에 세워졌고 1535년에 재건축됐다. 1912년 탑을 하얗게 칠해 「하얀 탑」이라 불렸다. 이곳은 박물관으로 사용된다.그림 25

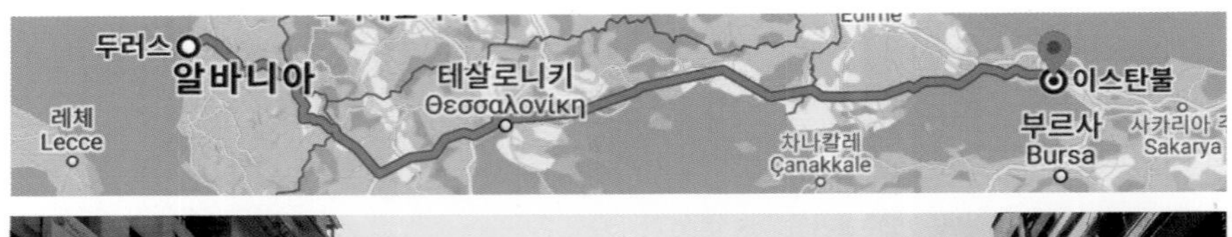

그림 24 **테살로니키의 에그나티아 가도**

테살로니키에서 1759년, 1902년, 1978년, 1995년에 강력한 지진이 발생했다. 건물과 고대 기념물이 파손되었다. 1917년에는 대화재가 나서 도시의 60% 이상이 파괴됐다. 도시 기획팀이 도시재건에 나서, 테살로니키는 로마, 비잔틴, 현대를 반영하는 도시로 변화되었다. 1918년 디자인이 시작되어 1950년대에 집중적으로 개발한 아리스토텔레스 광장이 도시 중심에 있다.

테살로니키의 Upper Town(높은 지역)인 구도심 Ano Poli(아노 폴리)는 1917년 대화재 때 무사했다. 아노 폴리에 있는 테살로니키 성곽에서 내려다보면 테살로니키 도시경관이 잘 보인다. 390년에 기존의 성곽을 보수해 현재의 성곽을 만들었다. 1988년에 이곳에 있는 성 데메트리오스 교회 등 9개 교회, 라토모우 수도원 등 2개 수도원, 성 소피아 성당, 성벽, 갈레리우스 원형홀, 비잔틴 목욕시설 등 15개의 오래된 역사적 기념물이 유네스코 세계유산으로 등재되었다.

그림 25 **테살로니키의 하얀 탑 레프코스 피르고스**

그림 26 **그리스의 신도시 코린토스**

# 04 항구도시 코린토스

코린토스(Corinthos, Corinth)는 항구도시다. 「고린도」라고도 불리며 '뿔'이란 뜻이다. 그리스 중남부 펠로폰네소스 반도에 있다. 17.65km² 면적에 38,132명이 산다. 아테네 남서쪽 78km 지점에 있다.그림 26

古代 고린도(Ancient Corinth)는 상업무역 도시로 번성하여 「헬라스의 별」이라고 했다. 바닷길을 다니는 각 민족이 모여들어 자기들의 우상을 섬기는 도시였다. 도시가 번성했을 때 2만 명을 수용하는 야외극장과 아폴로 신전 등이 있었다. 고린도식(式) 도기를 특화 생산했다. BC 146년 로마는 고대 고린도를 멸망시켰다.그림 27 고대 고린도에는 아폴론 신전 유적이 남아 있다. 아

그림 27 **그리스 고대 고린도 복원도**

그림 28 **그리스 고대 고린도의 아폴로 신전**

폴로 신전은 BC 550년 태양신 아폴론을 모시기 위해 건설되었다. 도리아식 기둥 38개 중 7개가 남아 있다.그림 28

521년 지진과 1858년 큰 지진으로 고대 고린도가 파괴되었다. 고대에는 험준한 암초를 피해 코린도 해안을 따라 선박이 돌아갔다. 그러나 1881년에 6.4km의 운하를 건설해서 선박운행이 편리해졌다.그림 29 고대 고린도에서 5km 떨어진 고린도 만 북동쪽에 신(新) 코린토스가 지어졌다. 1923년의 지진과 1933년의 대화재로 피해를 입었으나 재건됐다.

고대 고린도에 디오게네스 일화가 있다. BC 336년 알렉산더 대왕이 20세 때 고린도에서 디오게네스를 만났다고 한다. 알렉산더가 '무엇을 원하냐'고 물었다. 디오게네스는 '햇볕을 가리지 말고 비켜달라'고 말했다. 코린토스에 기념동상이 있다. 디오게네스는 개(퀴온 Kyon)집 같은 곳에 살며 환한 대낮에도 진실한 사람이 보이지 않는다며 등불을 들고 다녔다는 퀴닉학파였다.그림 30

사도 바울은 그리스를 비롯하여 지중해 여러 지역에 기독교를 선교했다. 1세기에 사도 바울이 테살로니키에 교회를 세웠다. 그 후 그리스 전역에 수많은 교회가 세워졌다. 고린도는 사도 바울의 『고린도 전·후서』로 알려진 도시다. 바울은 고린도에 머물면서 교회를 개척했다. 고대 고린도에는 사도 바울이 다니던 길과 설교했던 베마 강단이 유적으로 남아 있다.그림 31

그림 29 **그리스의 고린도 운하**

고대 고린도는 여러 나라 뱃사람들이 드나드는 우상숭배의 도시였다. 고대 고린도에서 3.5km 떨어진 남쪽 해발 575m 높이의 암반에 아크로고린도(Acrocorinth) 언덕이 있다. 이 아크로고린도 언덕 안의 아프로디테 신전에서는 1,000여 명의 여사제(女司祭)들이 제사의식의 일환으로 음란 행위를 했다.

그리스는 그리스-페르시아 전쟁에서 페르시아를 이김으로써 인간의 가능성에 관해 자신감을 가졌다. 이러한 흐름은 학문을 사랑하는 철학으로 발전했다. BC 5세기와 4세기경 고대 아테네가 이룩한 문화·정치적 업적은 뛰어났다. 문화적 수월성은 알렉산더에 의해 중동 전역에 헬레니즘 문화로 발전되고 전파되었다. 로마가 지배하면서 그리스 문화적 수월성은 로마의 통치 전역으로 퍼져 서구 문명의 발상지 역할을 했다. 그리스는 민주주의 요람이었다.

그리스인 절대 다수가 그리스어를 국어로 사용한다. 그리스의 주 산업은 식품·담배 가공, 운송·조선, 광업·화학·금속, 관광 등이다. 2021년 1인당

그림 30 **그리스 코린토스의 알렉산더 대왕과 디오게네스 동상**

GDP는 19,673달러다. 노벨 문학상 수상자가 2명 있다. 종교는 2017년 기준으로 그리스 정교회가 90%다. 아테네는 1834년 이후 그리스 수도로 그리스 문화를 온전하게 담고 있다. 테살로니키는 그리스 제2 도시로 유럽 내륙으로 들어가는 관문도시다. 역사적 유물을 인정받아 세계문화유산도시가 되었다. 코린토스는 번성한 도시였으나 지진과 화재 등에 시달렸다. 사도 바울이 고대 고린도에서 교회를 개척해 초기 기독교의 초석을 놓았다.

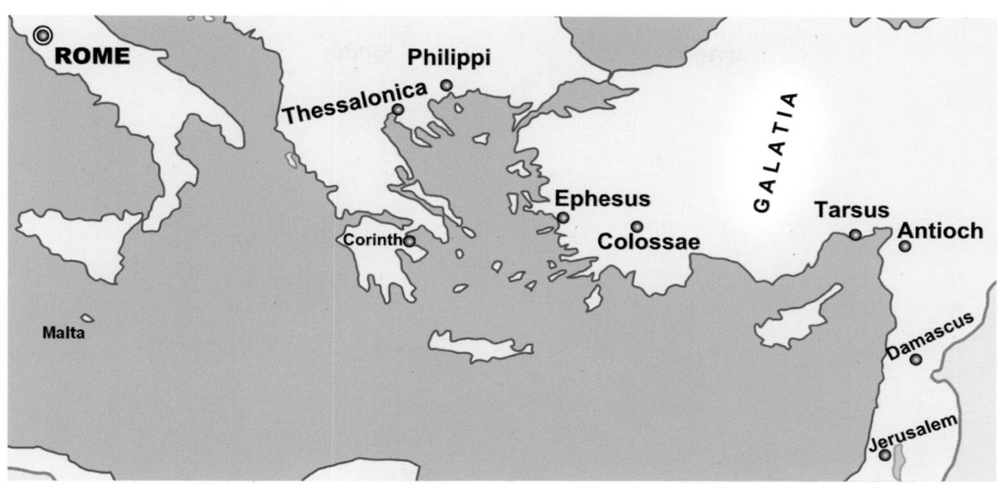

그림 31 사도 바울의 선교지와 고대 고린도의 설교 강단 베마

ČAKOVEC
VARAŽDIN
KRAPINA
KOPRIVNICA
BJELOVAR
VIROVITICA
ZAGREB
ZAGREB
BJELOVAR-BILOGORA
VIROVITICA-PODRAVINA
OSIJEK-BARANJA
OSIJEK
ISTRIA
PRIMORJE-GORSKI KOTAR
KARLOVAC
SISAK
SISAK-MOSLAVINA
POŽEGA-SLAVONIA
BROD-POSAVINA
POŽEGA
VUKOVAR
PAZIN
KARLOVAC
VUKOVAR SYRMIA
LIKA-SENJ
GOSPIĆ
ZADAR
ŠIBENIK-KNIN
SPLIT-DALMATIA
DUBROVNIK-NERETVA

# 16

# 크로아티아 공화국

그림 1 **크로아티아 국기**

크로아티아의 정식 명칭은 크로아티아 공화국이다. 영어로 Republic of Croatia로 표기한다. 크로아티아어로 Republika Hrvatska(레푸블리카 흐르바츠카)라고 한다. 2020년 기준으로 56,594km$^2$ 면적에 4,058,165명이 산다. 수도는 자그레브다. 서쪽은 아드리아 해에 연해 있다.

크로아티아 국기(國旗)는 삼색기(Tricolour)다. 1990년 슈테이(Šutej)가 고안했다. 범슬라브 색인 빨간색, 하얀색, 파란색의 삼색기다. 국기 가운데에 크로아티아 국장(國章)이 그려져 있다. 국장은 하나의 주 방패와 각 지역을 대표하는 5개의 작은 왕관 방패로 되어 있다. 주 방패는 13개의 빨간색 필드와 12개의 흰색 필드로 된 바둑판이다. 5개의 작은 왕관 방패 중 첫 번째 파란색 방패는 구(舊) 크로아티아 문양으로 은색 초승달 위에 황금색의 6점 아침별이 그려 있다. 이어서 두브로브니크, 달마티아, 이스트리아, 슬라보니아 지역 문양이 배치되어 있다.그림 1

크로아티아의 어원은 슬라브어 '많은 땅을 가진 사람들'이라는 뜻의 Croats에서 나왔다는 해석이 있다. 7세기에 슬라브족들이 크로아티아에 들어왔다. 925년에 크로아티아 공국을 세웠다. 1102년 크로아티아-헝가리 동군연합 관계를 수립했다. 1527년 합스부르크 군주국에 합류했다. 1918년에 세르비아가 주도한 세르비아-크로아티아-슬로베니아 왕국인 유고슬라비아 왕국의 일원이 되었다. 제2차 세계대전 중에 크로아티아에 사는 반(反) 세르비아계와 세르비아계 사이에 충돌이 있었다. 1945년에 크로아티아 사회주의 공화국을 거쳐 유고슬라비아 사회주의 연방 공화국에 속했다. 1991년 6월 25일 유고슬라비아에서 독립했다. 1991년 세르비아계가 다수이던 크로아티아 동부 크라이나에 「세르비아 크라이나 공화국」이 설립되었으나 1995년에 소멸되었다. 크로아티아는 2013년 7월 1일 유럽연합에 가입했다.

그림 2 **크로아티아의 성 마크 교회와 성 비투스 성당**

크로아티아에는 2011년 센서스 기준으로 크로아티아인이 90.4%로 다수이다. 세르비아인도 4.4% 거주한다. 공식 언어는 크로아티아어다. 크로아티아어는 크로아티아뿐만 아니라 발칸반도와 이탈리아 등에서도 소수언어로 사용된다. 종교는 가톨릭이 86.3%, 정교회가 4.4%, 이슬람이 1.4%다. 7세기 크로아티아인들이 이 지역에 정착할 때 원주민 기독교도와 만나면서부터 가톨릭을 받아들였다. 641년 교황청과 처음 접촉했다. 아드리아 해 동쪽 석호 근처 섬에 인구 1,132명의 작은 마을 Nin(닌)이 있다. 닌에는 9세기에 지어진 '세계에서 가장 작은 성당'이라는 「거룩한 십자가의 교회」가 있다. 자그레브에는 13세기에 지은 성 마크 교회(St. Mark Church)가 있다. 크로아티아의 대표적인 성당은 1638년에 세워진 성 비투스 성당이다. 수도 자그레브에서 남서쪽으로 165km 떨어진 인구 128,624명의 리예카에 있다.그림 2

크로아티아는 기계, 조선, 화학 등 2차 산업을 육성하고 있다. 국토의 28%가 농경지다. 밀·보리·과수가 재배되고 있다. 산림은 전 국토의 36%다. 두브로브니크, 스플릿, 플리트비체 호수 국립공원 등의 관광이 활성화되어 있다. 주요 수출국은 이탈리아·슬로베니아 등 주변국가다. 수출품은 운송 장비, 기계, 섬유, 화학제품, 식료품, 연료 등이다. 2017년 기준으로 부문별 GDP는 농업 3.7%, 산업 26.2%, 서비스 70.1%다. 2021년 1인당 명목 GDP는 16,247달러다. 노벨 화학상 수상자가 2명 있다.

크로아티아에는 국토 면적의 9%에 달하는 4백여 개의 생물 다양성 생태지역이 있다. 37,000종의 생물이 서식하고 있다. 1976년에 설립되어 1993년 람사르 습지로 지정된 Kopački Rit(코파쓰키 리트) 자연보호공원이 있다.

Plitvice(플리트비체) 호수 국립공원은 자그레브 근처에 있다. 공원의 90%는 리카센(Lika-Senj) 주에 10%는 카를로바츠(Karlovac) 주에 속해 있다. 플리트비체란 말은 1777년 문헌에 처음으로 나왔다. 자연이 빚어낸 호수로 규정했다. 플리트비체 지역은 1949년에 국립공원으로 지정되었다. 1979년에는 유네스코 세계 문화유산에 등재되었다. 면적 296.85km²로 중부 산악 카르스트 지역에 있다.그림 3

**그림 3 크로아티아의 플리트비체**

그림 4 **크로아티아 플리트비체의 폭포**

공원은 16개의 호수와 90개의 폭포로 연결되어 있다.그림 4 공원의 강물은 검은색의 Crna(츠르나) 강과 하얀색의 Bijela(비옐라) 강으로부터 흘러 들어와 합류하여 호수를 이룬다.그림 5 호수는 상류 부문에 12개, 하류 부문에 4개가 있다. Prošćansko jezero(프로즈싼스코 제제로) 호수와 Kozjak(코쟈크) 호수가 전체 호수 면적의 80%를 차지하고, 깊이도 37m와 47m로 깊다. 강물은 사스타비치(Sastavici) 폭포가 있는 코라나(Korana) 강으로 흘러 간다.

나무로 만들어진 18km 길이의 인도교(boardwalk) 아래에 개울이 흐르거나, 인도교 위로 개울이 얕게 흘러간다.그림 6 강물은 물에 포함된 광물, 무기물, 유기물 등의 종류에 따라 청록색, 진한 파란색, 회색 등을 띤다. 비오는 날에는 땅의 흙이 일어나 탁하고, 맑은 날에는 햇살을 받아 투명하다. 공원은 동식물의 보고(寶庫)다.

그림 5 **크로아티아 플리트비체의 검은색 츠르나 강과 하얀색 비옐라 강**

Zagreb(자그레브)는 크로아티아의 수도이다. 2011년 기준으로 641km$^2$ 면적에 790,017명이 산다. 자그레브 대도시권 인구는 1,153,255명이다. 다뉴브 강의 지류인 사바(Sava) 강변에 위치해 있다. 자그레브 명칭은 '땅을 파서 물을 봤다'는 뜻에서 유래했다. 크로아티아의 거의 모든 중앙 부처와 주요 기업이 소재해 있다.그림 7

그림 6 **크로아티아 플리트비체의 인도교**

1242년 자그레브는 헝가리의 왕실 자유 도시(Royal free city)가 되었다. 헝가리는 자그레브를 가톨릭 도시로 만들고자 했다. 자그레브 서쪽의 그라데츠(Gradec)에는 상인과 농부를 살게 하고, 동쪽의 카프톨(Kaptol)에는 성직자 거주지와 성당을 세웠다. 성벽과 탑을 세워 외적의 침공에 대비했다. 그라데츠는 'Upper Town(높은 지역)', 카프톨은 'Lower Town(낮은 지역)'이라 불린다. 그라데츠의 세인트 마크 광장에는 정부 관사 반스키 드보리(Banski dvori), 13세기에 지은 세인트 마크 교회, 의회 사보르(Sabor) 등이 있다.그림 8

그림 7 **크로아티아의 수도 자그레브**

그림 8 **크로아티아 자그레브의 그라데츠**

Zagreb Cathedral(자그레브 대성당)은 13세기 중엽에 카프톨 지역에 지었다. 지진으로 무너져 2020년까지 여러 차례 재건했다. 토미슬라프 광장에서는 1898년에 지은 자그레브 미술관인 아트 파빌리온(Art Pavilion)이 보인다. 토미슬라프(Tomislav)는 925-928년 기간에 재임했던 크로아티아 최초의 왕이었다.그림 9

헝가리 지배 아래에서 영주였던 요시프 옐라치치((Josip Jelacic)는 1851년 그라데츠를 포함한 자그레브 전체를 통합하여 새로운 자그레브를 건설했다. 이런 연유로 1641년부터 조성되었던 자그레브 중앙 광장은 그의 이름을 따서 「반 옐라치치 광장」이라 명명했다. 신시가지와 구시가지가 이어지는 곳

그림 9 **크로아티아의 자그레브 성당과 킹 토미슬라프 광장**

이다.그림 10

프랑스 루브르 박물관에 견주는 자그레브의 미마라(Mimara) 박물관에는 3,700점의 작품이 전시되어 있다. 1890년에 학교로 지었으나 1987년 박물관으로 개조했다.

그림 10 **크로아티아 자그레브의 반 옐라치치 광장**

그림 11 **크로아티아 두브로브니크의 프라뇨 투지만 다리**

짙고 푸른 코발트블루 칼라의 아드리아 해(海)를 따라 가다가 2002년 개통한 프라뇨 투지만(Franjo Tudman) 다리를 건너면 두브로브니크가 나온다.그림 11 두브로브니크는 크로아티아어로 Dubrovnik로 표기한다. 달마티아 남부의 아드리아해에 연한 역사 도시다. 두브로브니크란 말은 1189년 처음으로 문헌에서 확인되는데, '참나무(oakwood)'란 뜻이다. 보스니아 헤르체고비나의 네움(Neum)이 이 지역 사이에 있다. 이런 연유로 이 지역은 크로아티아 본토와 단절되어 있는 월경지(越境地)로 설명한다. 2011년 기준으로 21.35km$^2$ 면적에 42,615명이 산다. 두브로브니크 대도시권 인구는 65,808명이다. '아드리아 해의 진주', '지상의 낙원' 등으로 불렸다. 1979년 구시가지가 유네스코 세계유산으로 등재되었다.그림 12, 13

그림 12 **크로아티아 두브로브니크 전경**

그림 13 **크로아티아의 두브로브니크 중심 지역**

그림 14 **라구사 공화국과 두브로브니크**

7세기에 이 지역에 도시가 시작되어 발칸의 무역항으로 발달했다. 1358년 달마티아에 라구사(Ragusa) 공화국이 세워졌다. 공화국의 수도는 라구사였다. 라구사는 '절벽(precipice)'이란 뜻이다. 자치권이 확보되면서 라구사는 상업 중심지로 부흥했다. 예술·과학·문학이 번성하고 예술가와 문인들이 들어와 문화 중심지로 성장했다. 1667년 지진이 있었으나 복원했다. 바로크식 건축 양식이 도입되었다. 라구사 공화국은 헝가리 왕국(1358-1458), 오스만 제국(1458-1681), 합스부르크 오스트리아(1684-1806), 프랑스 제국의 이탈리아 왕국(1806-1808)의 속국으로 있는 주권국이었다. 라구사 공화국은 1808년 이탈리아 나폴레옹 왕국에 합병되어 소멸했다. 1808년 라구사에는 1,500km² 면적에 30,000명이 살았었다. 1815년 빈 체제 이후 오스트리아와 오스트리아-헝가리 제국이 이 지역을 관할했다.그림 14

제1차 세계대전 이후 라구사는 두브로브니크로 바뀌었다. 1918-1991년의 기간 동안 유고슬라비아 시기를 거쳤다. 1991년 크로아티아가 독립하면서 유고슬라비아 전쟁으로 두브로브니크가 파괴되는 시련을 겪었다. 유럽의 문인들이 이곳으로 달려와 「두브로브니크의 친구들」이라는 인간방패를 만들어 폭격을 막아냈다.

두브로브니크의 성곽과 요새는 대부분이 14-17세기에 걸쳐 건설되었다. 성곽의 길이는 1,940m이고 높이는 25m다. 성곽은 끊어짐이 없이 연결되어 대부분의 구시가지를 둘러싸고 있다. 대포 사격을 방어하기 위해 경사지 성벽을 세웠다. 해안가에 위치한 보

그림 15 **크로아티아 두브로브니크의 보카르 요새**

그림 16 **크로아티아 두브로브니크의 구도시**

카르 요새(Fort of Bokar)는 두브로브니크 방어의 핵심이다. 성곽 위에서 내려다 보면 보카르 요새의 중요성이 확인된다.그림 15 붉은색 지붕의 구시가지는 코발트 블루의 아드리아 바다 위에 붉게 타오르는 꽃처럼 보인다.그림 16 두브로브니크의 중심도로는 Stradun(스트라둔)이다.그림 17 7세기에 지은 Dubrovnik Cathedral(두브로브니크 성당)은 지진 이후인 1673-1713년의 기간에 재건되었다. 두브로브니크 수호성인을 기려 세운 Church of St. Blaise(세인트 블레즈 교회)는 1715년에 들어섰다. 1438년에 만든 오노프리오 샘(Onofrio fountain)이 있다.그림 18

그림 17 **크로아티아 두브로브니크의 스트라둔 중심가**

그림 18 **크로아티아 두브로브니크의 오노프리오 샘**

그림 19 **크로아티아 스플리트의 마리안 언덕**

스플리트는 크로아티아어로 Split라 표기한다. 2011년 기준으로 79.38km$^2$ 면적에 178,102명이 산다. 스플리트 대도시권 인구는 346,314명이다. 마리안 언덕(Marjan Hill)에서 내려다 보면 스플리트 시가지가 아드리아 해안가를 따라 펼쳐있음이 확인된다. 스플리트 주요 도로인 리바(Riva) 거리에서 올려다 보면 시가지가 마리안 언덕과 조화를 이루며 발달해 있음이 관찰된다. 그림 19

스플리트는 그리스인의 거주지로 출발해 로마 황제 디오클레티아누스 시대를 거치면서 발전했다. 제1차 세계대전 후 유고슬라비아 왕국 시대에 항만시설을 갖추면서 항구도시로 발전했다. 1979년 디오클레티아누스 궁전을 포함하여 스플리트 역사지구가 유네스코 세계문화유산으로 등재되었다.

그림 20 **크로아티아 스플리트의 디오클레티아누스 궁전 재현**

그림 21 **크로아티아 스플리트의 디오클레티아누스 궁전**

305년 로마 황제 Diocletianus(디오클레티아누스)는 스플리트에 퇴임 후 거처할 궁전을 지었다. 프랑스 건축가 어니스트 헤브라드(Ernest Hébrard)가 디오클레티아누스 궁전의 온전한 모습을 재현했다.그림 20 614년경 외적의 습격을 피해 도시주민들이 안전한 궁전 성벽 안으로 정착하면서 도시로 발전했다. 오늘날의 궁전은 중세, 르네상스, 바로크 양식이 로마적 양식과 섞여 있다. 3ha 넓이의 부지에 세워진 궁전은 황제의 거주 지역과 군사 지역 용도로 사용되었다. 황제가 거주하던 구역에는 안뜰, 능묘, 사원, 바다를 볼 수 있는 파사드, 아케이드 등이 있다. 주변이 둘러싸인 모양의 페리스타일(peristyle) 건물 양식이 특징적이다.그림 21

920년대에 닌(Nin)의 대주교였던 그레고리(Gregory)는 크로아티아 말로 예배를 보게 하여 크로아티아의 정체성을 다졌다. 1929년에 그레고리를 기려 높이 8.5m의 동상을 기아르딘(Giardin) 공원에 세웠다.그림 22

그림 22 **크로아티아 닌의 그레고리 주교 동상 근원경(近遠境)**

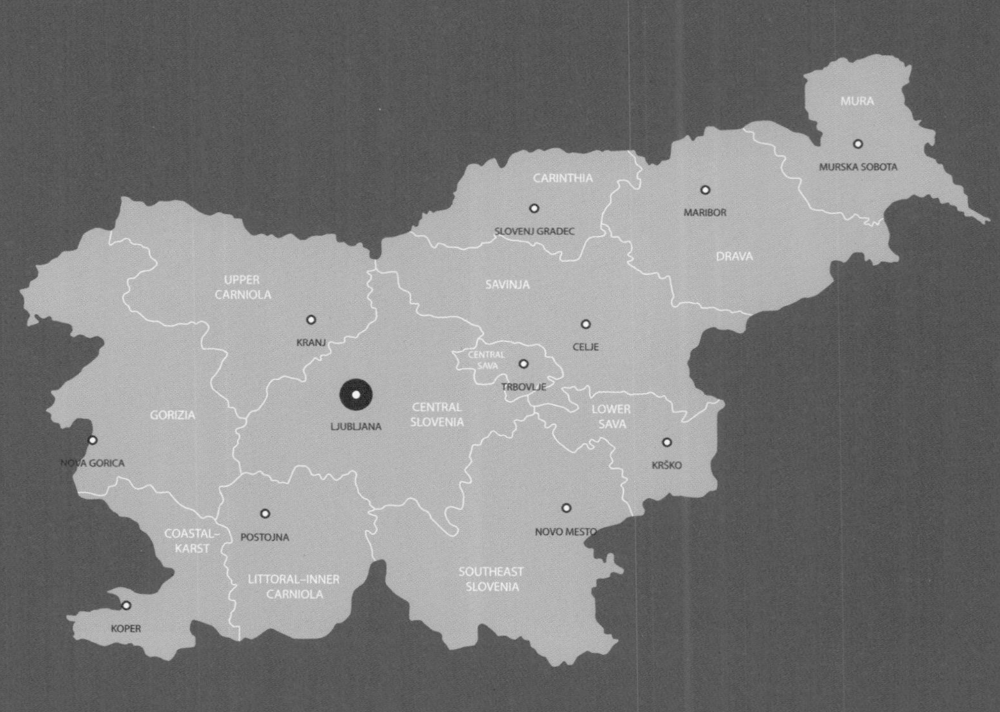
MURA
MURSKA SOBOTA
CARINTHIA
MARIBOR
SLOVENJ GRADEC
DRAVA
UPPER CARNIOLA
SAVINJA
KRANJ
CELJE
CENTRAL SAVA
TRBOVLJE
GORIZIA
LJUBLJANA
CENTRAL SLOVENIA
LOWER SAVA
NOVA GORICA
KRŠKO
POSTOJNA
NOVO MESTO
COASTAL-KARST
LITTORAL-INNER CARNIOLA
SOUTHEAST SLOVENIA
KOPER

# 17

# 슬로베니아 공화국

그림 1 **슬로베니아 국기**

슬로베니아의 공식명칭은 슬로베니아 공화국이다. 영어로 Republic of Slovenia로 표기한다. 슬로베니아어로 Republika Slovenija(레푸블리카 슬로베니야)라고 한다. 20,271km² 면적에 2021년 기준으로 2,108,977명이 산다. 수도는 류블랴나다. 서쪽은 아드리아 해에 연해 있다.

슬로베니아의 국기는 신성로마제국 이후에 이 지역에 있었던 크란 공국의 백청적(白青赤) 삼색기에서 유래했다. 1848년 슬로베니아 민족운동 때 쓰였다. 오늘날의 도안은 1991년 6월 25일 슬로베니아 공화국이 유고슬라비아에서 독립을 선포하면서 채택되었다. 범슬라브 색인 하얀색, 파란색, 빨간색의 3색기다. 왼쪽에 슬로베니아의 국장이 그려져 있다. 국장에 있는 산은 2,864m의 슬로베니아의 최고봉인 트리글라브(Triglav) 산을 상징한다. 트리글라브 산 밑의 물줄기는 강과 바다를 뜻한다. 그리고 3개의 별은 14-15세기의 슬로베니아 왕조의 군대 휘장에서 활용한 문장이다.그림 1, 2

그림 2 **슬로베니아의 트리글라브 산**

슬로베니아는 '슬로베니아인의 땅(Land of the Slovenes)'이라는 뜻이다. Slavonia, Slovakia, Slavia 등의 어원과 유사하다. 12세기 이후 슬로베니아는 헝가리 왕을 군주로 받아들여 베네치아와 대항했다. 18세기 말에 오스트리아의 관리를 받았다. 1918년 이후 유고슬라비아 일원으로 있다가 1991년 6월 25일 독립한다. 2004년 NATO와 유럽 연합에 가입했다. 2007년 유로를 공식 통화로 지정했다. 슬로베니아는 솅겐 조약, 유럽 안보 협력 기구, 유네스코, 세계 무역 기구, 유엔 가입국이다.

슬로베니아 공식어는 슬로베니아어다. 91%가 슬로베니아어를 모국어로 사용한다. 영어와 주변국가의 언어가 사용되거나 교육된다. 슬로베니아의 종교 분포는 가톨릭 57%, 정교회 2%, 이슬람 2%다.

슬로베니아는 산이 많아 숲이 울창하다. 직업별 노동력은 2017년 추정으로 농업 5.5%, 산업 31%, 서비스업 63.3%다. 전통적으로 임업, 의류업, 금속업이 발달했다. 1980년 이후 기계공업, 고부가가치 산업이 강조되고 있다. 2021년 1인당 GDP는 28,104달러다. 노벨화학상 수상자가 1명 있다.

그림 3 **슬로베니아의 수도 류블랴나와 류블랴니차 강**

그림 4 **슬로베니아의 류블랴나 대성당**

슬로베니아의 수도는 류블랴나(Ljubljana)다. 류블랴니차 강(Ljubljanica River) 하구에 있다. 2020년 기준으로 163.8km$^2$ 면적에 295,504명이 산다. 류블랴나 대도시권 인구는 537,893명이다. BC 15년 이후 로마 제국이 이곳에 건설한 에모나 지역으로 존속했으나 훈족의 침입으로 파괴됐다. 6세기에 슬라브족인 슬로베니아인이 정착했다. 1144년 류블랴나 성이 건설되었다. 1335-1918년 기간의 합스부르크 시대에 수도 역할을 했다. 1918년 독립 이후 오늘날에도 슬로베니아의 수도다.그림 3

포가카르 광장에 1707년 성(聖)니콜라스에게 헌정된 류블랴나 성당(Ljubljana Cathedral)이 있다.그림 4 슬로베니아 사람들에게 사랑받는 시인 프레셰렌의 이름을 딴 프레셰렌 광장은 시민들이 즐겨찾는 장소다. 류블랴니차 강 위의 삼중교(三重橋, Triple Bridge)의 중앙 교량은 Giovanni Picco(조반니 피코)가 1842년에 완성했다. 측면 교량은 요제 플레치니크(Jože Plečnik)가 1929년과 1932년

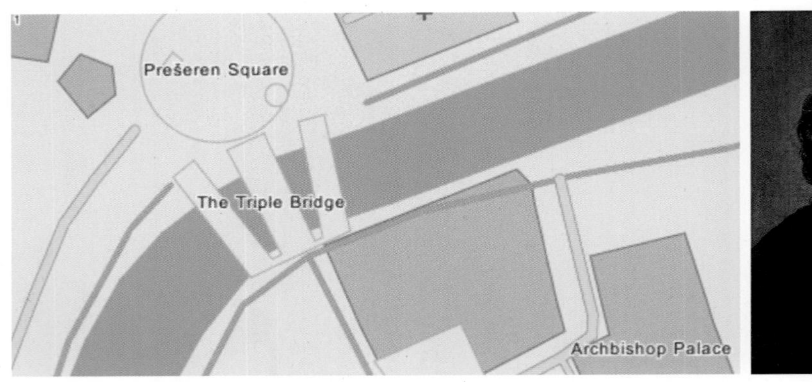

그림 5 **슬로베니아의 프레셰렌 광장, 삼중교, 시인 프레셰렌**

에 설계하여 완공했다.그림 5, 6

2014년 기준으로 8,171명이 사는 마을 Bled(블레드)는 '줄리앙 알프스의 진주'라 불린다. 줄리앙 알프스는 슬로베니아에 있는 알프스 남쪽 줄기의 석회암 산맥이다. 블레드에는 빙하 활동으로 형성된 블레드 호수가 있다. 호수의 최대 깊이는 29.5m다. 호수 주변은 유고슬라비아 지도층의 휴양지였다. 호수에는 블레드 섬이 있다. 블레드 섬은 나룻배를 타고 건너 갈 수 있다.그림 7, 8 블레드 섬에는 17세기에 건설된 성모 마리아 승천교회(Assumption of Mary Church)가 있다. 높이가

그림 6 **슬로베니아의 프레셰렌 광장**

54m에 달하는 탑과 계단이 있다. 교회에서는 결혼식이 열린다. 교회에서 종이 울리면 축복을 받는다 하여 블레드 호수 주변에서는 자주 결혼식이 열린다.그림 9

그림 7 **슬로베니아의 블레드 호수와 블레드 섬**

그림 8 **슬로베니아의 블레드 호수**

카르스트(Karst)란 말은 슬로베니아의 지명 크라스(Kras)에서 유래했다. 크라스 지방에는 카르스트 동굴인 포스토이나 동굴(Postojna Jama)이 있다. 포스토이나 동굴의 길이가 24,120m다. 동굴 주변에 있는 파브카 강의 유수작용으로 포스토이나 동굴이 생성되었다. 1884년에 전기조명이 설치되고, 1945년 이후에 전기기관차가 등장했다. 이 동굴에는 혈거 도룡뇽인 올름(Olm)이 있다. 발가락이 앞다리에 3개, 뒷다리에 2개 있다. 사람과 유사하다 하여 human fish(휴먼 피쉬)라고도 한다. 몸길이 20-30cm이고, 몸은 가늘고 길다. 몸 빛깔은 흰색이며 일생 동안 외부아가미로 호흡한다. 3쌍의 아가미는 붉은색이다. 눈은 퇴화되어 명암만 구별한다.그림 10

그림 9 **슬로베니아 블레드 섬의 성모마리아 승천 교회와 결혼식**

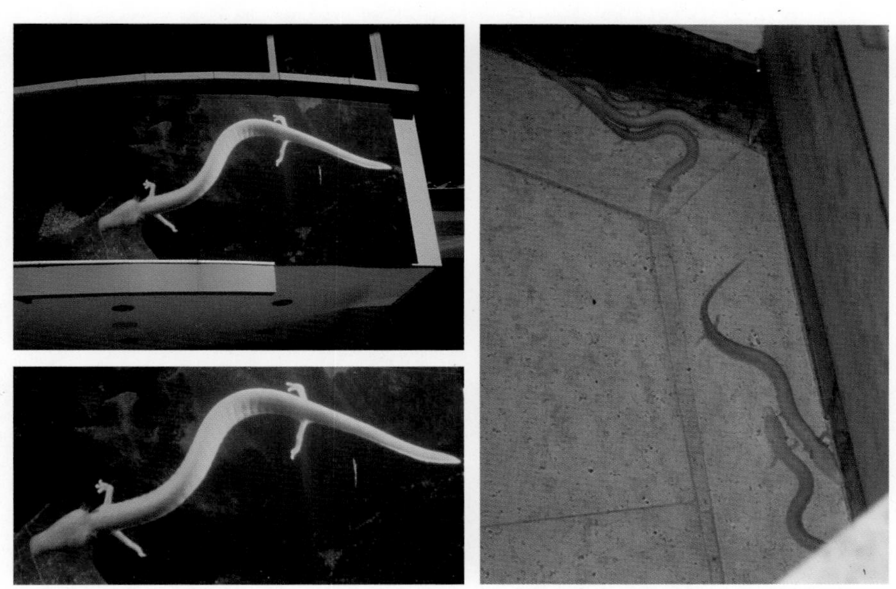

그림 10 슬로베니아 포스토이나 동굴의 혈거 도룡뇽 올름과 실제 수조(水藻)에 사는 모습

CAZIN
PRIJEDOR
REPUBLIKA SRPSKA
BANJA LUKA
DOBOJ
BRČKO
BIJELJINA
TUZLA
TRAVNIK
ZENICA
REPUBLIKA SRPSKA
SARAJEVO
FEDERATION OF BOSNIA AND HERZEGOVINA
MOSTAR
REPUBLIKA SRPSKA
TREBINJE

# 18

# 보스니아 헤르체고비나

그림 1 **보스니아 헤르체고비나 국기**

보스니아 헤르체고비나는 영어로 Bosnia and Herzegovina라 표기한다. 보스니아 헤르체고비나어로 Bosna i Hercegovina라 하며 약자로 BiH 또는 B&H로 표현한다. 51,129$km^2$ 면적에 2021년 기준으로 3,3824,782명이 산다. 수도는 사라예보다.

보스니아 헤르체고비나의 국기는 1998년에 제정되었다. 보스니아 헤르체고비나 영토를 삼각형으로 나타냈다. 삼각형은 보스니아인, 크로아티아인, 세르비아인의 보스니아 헤르체고비나 구성 민족을 뜻한다. 보스니아 헤르체고비나가 유럽의 구성원이라는 의미는 파란색과 하얀색의 별로 상징화했다. 노란색은 세 민족의 미래 창조를 말한다. 파란색과 노란색은 유럽기의 바탕으로 사용되는 색이다.그림 1

보스니아는 보스니아 헤르체고비나의 중북부를 일컫는 지명이었다. 10세기 중반 이 지방을 보소나(Bosona)라 칭했다. 보소나라는 이름은 보스니아 일대를 흐르는 282km의 보스나(Bosna) 강에서 유래한 것으로 추정된다. '흐르는 물'의 뜻이라 한다. 보스나를 라틴어로 표기하면 보스니아가 된다. 헤

그림 2 **보스나와 헤르체고비나, 보스나강**

르체고비나는 보스니아 헤르체고비나의 남부를 칭하는 지명이었다. 공작(公爵)이란 말은 슬라브어로 herceg, 독일어로 herzog, 세르보-크로아키아어로 vojvoda, 영어로 duke로 표기한다. 1448년 보스니아 왕국의 공작 코사차(Kosača)가 오늘날의 헤르체고비나 땅을 봉토로 삼을 때 이 땅에 '헤르체그(Herceg)'라는 명칭을 붙이면서 이 땅은 헤르체고비나(Hercegovina)라 불리게 되었다. '헤르체그의 땅'이란 뜻이다. 따라서 보스니아 헤르체고비나는 '보스니아 땅과 헤르체고비나 땅을 합친 땅'이란 뜻이다.그림 2

보스니아 헤르체고비나는 산악이 많아 자연 환경이 아름답다. 2008년에 지정된 우나(Una) 국립공원은  보스니아 헤르체고비나에서 가장 큰 국립 공원이다. 2017년에 지정된 드리나(Drina) 국립공원에는 346km의 드리나 강이 흐른다.

이 땅은 고대 시대에 일리리아(Illyria), 달마티아(Dalmatia)라고 불렸다. 로마 제국의 속주를 거쳐 7세기 이후 슬라브계의 크로아티아 공국이 통치했다. 9-10세기경 가톨릭으로 개종한 것으로 추정된다. 1377년에 보스니아 왕국이 건국되었다.

1463년 오스만 제국이 보스니아를 정복했다. 오스만 제국은 보스니아인들에게 이슬람교를 믿도록 강요하는 한편, 무슬림을 대거 이 지역으로 이주시켰다. 보스니아 왕국 시절에는 가톨릭, 정교회 등 종교에 무관하게, 하나의 보스니아인이라는 의식이 강했다. 그러나 오스만 제국이 들어서면서 이슬람교도에게 많은 혜택을 주는 생활상의 변화가 나타나자 보스니아인들 상당수가 이슬람으로 개종했다. 이들이 '보슈냐크(Bošnjak)'다. 보슈냐크는 영어로 '보스니악(Bosniaks)'으로 표현한다. 가톨릭을 신봉하는 보스니아인은 가톨릭 국가인 크로아티아에서, 정교회를 믿는 보스니아인은 정교회 국가인 세

그림 3 **보스니아 헤르체고비나 사라예보 황제의 모스크**

르비아에서 자신의 신앙성을 찾게 되었다. 이 때부터 보스니아인은 종교에 따라 세 민족으로 갈라지게 되었다.

황제의 모스크(Emperor's Mosque)는 1457-1565년 사이에 지어진 보스니아 최초의 모스크다. 콘스탄티노플을 정복한 술탄 메흐메트 2세(Mehmed the Conqueror)에게 헌정된 모스크다.그림 3

1878년 이후 오스트리아-헝가리 제국이 이 지역을 관리했다. 1908년 오스트리아가 보스니아를 합병하자 세르비아가 격렬히 반발했다. 1914년 사라예보 사건으로 제1차 세계대전이 터졌다.

제1차 세계대전 후에 보스니아 지역은 유고슬라비아 왕국에 속하게 되었다. 그러나 유고슬라비아 왕국은 민족적 종교적으로 서로 달라 응집력이 약

그림 4 **보스니아 헤르체고비나의 마글리치산**

했다. 제2차 세계대전 중 이 지역은 전쟁터로 바뀌었다. 마글리치산을 위시한 60여 개의 산이 있는 보스니아의 험준한 지형은 요시프 브로즈 티토가 이끄는 공산 게릴라의 파르티잔 공간으로 활용되었다.그림 4

1945년 제2차 세계대전이 끝났을 때 보스니아 헤르체고비나는 크로아티아 독립국에 속해 있었다. 유고슬라비아 파르티잔이었던 「보스니아 헤르체고비나 국민해방을 위한 반파시스트 국가평의회」는 보스니아 헤르체고비나를 별도의 공화국으로 승격시켰다. 보스니아 헤르체고비나는 유고슬라비아 사회주의 연방공화국에 편입되었고 사라예보가 수도 역할을 했다.

1980년 티토 대통령이 사망했고, 1989년 동유럽 혁명으로 유고슬라비아에 민주화 열풍이 불었다. 선거를 통한 민의를 바탕으로 1992년 4월 1일 사라예보에서 이슬람계를 중심으로 유고슬라비아로부터 독립한 보스니아 헤르체고비나 공화국 건국을 선언했다. 공화국 인구의 30%를 차지하는 세르비아계는 보스니아 헤르체고비나가 유고슬라비아에서 분리 독립하는 것에 대해 강력히 반발했다. 급기야 1992년 4월 6일 사라예보 남동쪽 세르비아 접경지 팔레(Pale)에서 세르비아의 지원을 얻어 스릅스카 공화국의 건국을 선포했다. 1992년 4월 6일 보슈냐크인, 크로아티아인, 세르비아인들 사이에 보스니아 전쟁이 터졌고, 세르비아가 내전에 개입했다. NATO와 미국, 러시아, 독일이 참여하는 UN 평화 유지군의 중재로 1995년 파리에서 데이턴 협정(Dayton Agreement)을 체결해 내전이 종식되었다.그림 5 보스니아 헤르체고비나는 1992년 3월 1일을 독립기념일로, 11월 25일을 국가의 날로 기념한다.

**그림 5 1995년 파리 데이턴 협정**

사라예보의 첼리스트 베드란 스마일로비치는 보스니아 전쟁 중에 폐허가 된 건물에서 알비노니(Albinoni)의 『아다지오 지 마이너 *Adagio in G Minor*』를 연주해 전쟁의 상처를 어루만졌다.그림 6

보스니아 전쟁 전인 1991년과 전쟁 후인 1998년의 인종 분포는 확연히 구분되었다. 무슬림의 보스니아인과 가톨릭의 크로아티아인은 함께 모였

그림 6 **보스니아 헤르체고비나 국립도서관 폐허의 알비노비 아다지오 연주**

다. 이에 반해 정교회의 세르비아인은 따로 집결했다.그림 7 전쟁 후 이 나라는 보스니아와 헤르체고비나 두 지역을 합쳐 만든 보스니아 헤르체고비나 연방과 또다른 국내 지역에 세운 스릅스카 공화국(Republika Srpska) 등 2개 정치체제로 구성된 연방 공화제의 국체(國體) 국가로 바뀌었다. 2개 정치체제의 공동 관리 구역인 브르치코 행정구가 따로 위치해 있다. 보스니아 헤르체고비나 연방은 주(canton)로 구성되어 있는 연방제다. 스릅스카 공화국은 대통령 중심제의 중앙집권제다. 스릅스카(Srpska)는 '세르비아인의 땅'이라는 뜻이다.그림 8

보스니아와 헤르체고비나는 지역으로 구분된다. 그리고 보스니아 헤르체고비나 연방과 스릅스카 공화국은 민족 구성으로 나뉜다. 그리고 보스니아 지역에는 무슬림인 보슈냐크인(보스니아인)이, 헤르체고비나 지역에는 가톨릭의 크로아티아인이, 스릅스카 공화국에는 정교회의 세르비아인이 다수 거주한다.

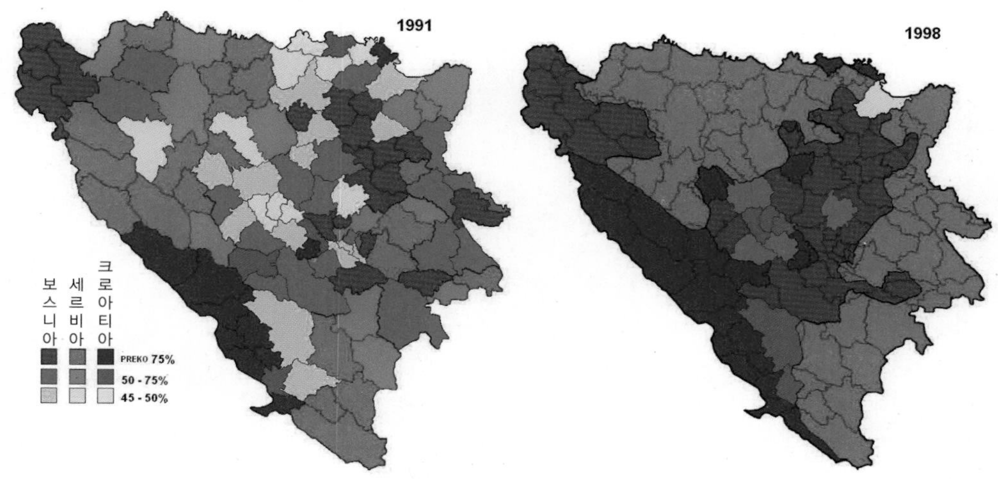


그림 7 **보스니아 전쟁 전후의 인종분포, 1991, 1998**

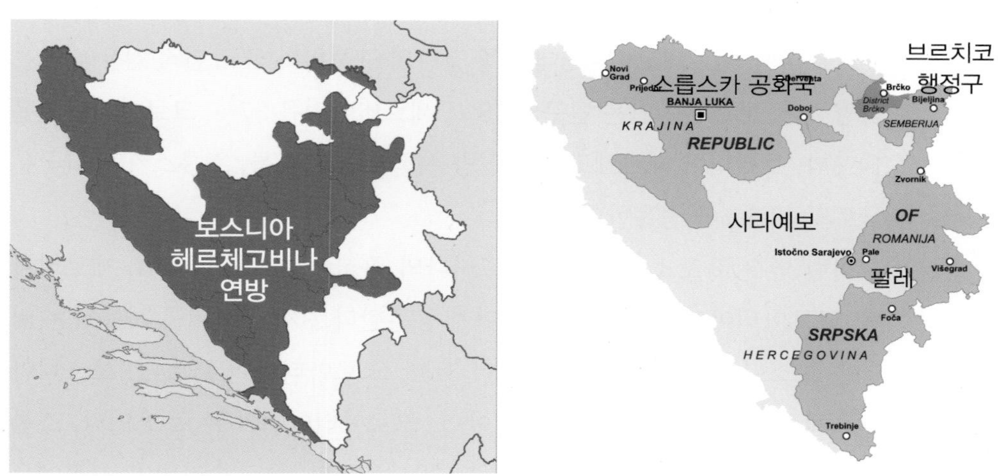


그림 8 **보스니아 헤르체고비나 연방, 스릅스카 공화국, 브르치코 행정구**

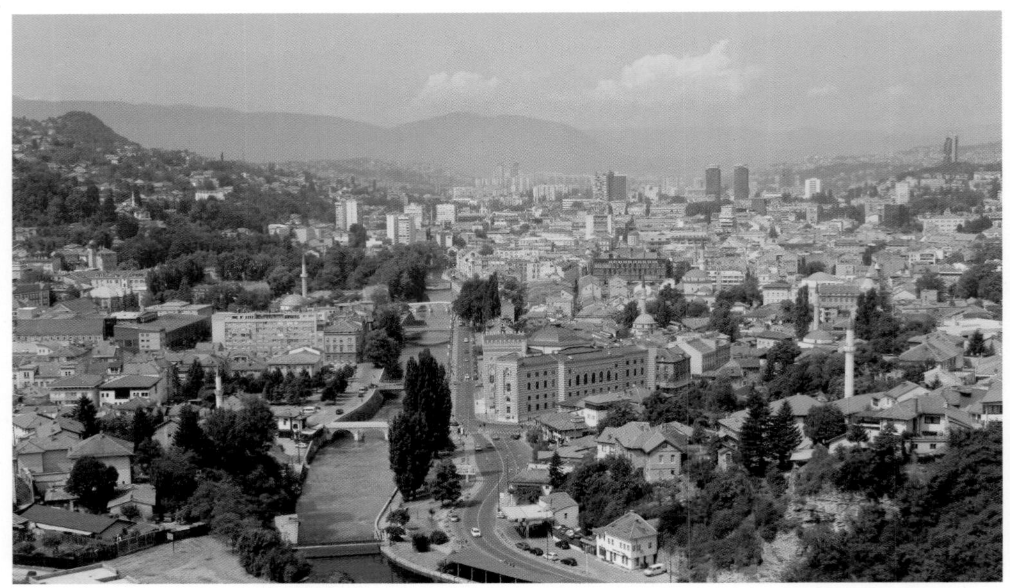

그림 9 **보스니아 헤르체고비나의 수도 사라예보**

보스니아-헤르체고비나 3대 민족 집단의 구성비와 국토 면적 점유 비율은 다양하다. 보스나아인은 인구의 48%, 세르비아인은 37%, 크로아티아인은 14%다. 보스니아 헤르체고비나 연방은 국토의 51%를, 스릅스카 공화국은 국토의 48.5%를 점유한다.

이런 연유로 보스니아 헤르체고비나의 공식어는 보스니아어, 세르비아어, 크로아티아어 등 3개 공식 언어가 공존한다. 3개 공식어를 사용하는 비율은 보스니아어 53%, 세르비아어 31%, 크로아티아어 15%다. 보스니아 헤르체고비나 연방에서는 보스니아어, 크로아티아어가 주로 쓰인다. 스릅스카 공화국에서는 세르비아어가 다수 사용된다. 유고슬라비아 시절에는 공용어였던 세르보크로아티아어로 통합된 적이 있었다. 그러나 각 나라가 분리 독립하면서 언어도 급속하게 분화하고 있다.

보스니아 헤르체고비나는 시장경제를 지향하는 과도기적 체제로 해석한다. 전쟁으로 산업시설이 파괴되고 농지는 황폐화되었다. 이에 경상 수지 적자가 크며 실업률이 높다. 2017년 기준으로 부문별 GDP는 농업이 6.8%, 산업이 28.9%, 서비스가 64.3%다. 보스니아 헤르체고비나의 목초지와 농경지는 국토면적의 39%다. 옥수수, 밀, 보리 등의 곡류와 사과, 올리브 등의 과일이 생산된다. 지하자원은 석탄, 보크사이트, 철광석 등이 있다. 2021년 1인당 명목 GDP는 6,728달러다. 1997년에 보스니아 헤르체고비나 중앙은행이 세워졌다.

그림 10 **사라예보 라틴 다리와 모리츠 쉴러 카페**

수도는 사라예보(Sarajevo)다. 사라예보는 1507년에 처음으로 문헌에 나왔다. 오스만 시대 4백년간 공식적으로 '보스니아의 왕궁(Palace of Bosnia)'이란 뜻의 터키어 Saraybosna로 칭했다. 2013년 기준으로 141.5km² 면적에 275,524명이 산다. 사라예보 대도시권 인구규모는 555,210명이다. 사라예보는 우리나라 탁구선수 이에리사가 활약했던 도시다.그림 9

그림 11 **보스니아 헤르체고비나의 사라예보 박물관**

사라예보에는 라틴 다리(Latin Bridge)가 걸려 있는 밀랴츠카(Miljacka) 강이 흐른다. 1914년 6월 28일 라틴다리 근처에서 사라예보 사건(Sarajevo Incident)이 터졌다. 그 당시 오스트리아-헝가리 제국의 황태자는 페르디난트 대공이었고 그의 아내는 조피였다. 이들 부부는 군사훈련을 참관하기 위해 사라예보에 왔다. 이 도시에는 젊은 보스니아인의 민족주의 무장 조직 「검은 손 Black Hand」이 활동하고 있었다. 이들은 "남슬라브(Yugoslavia) 보스니아는 오스트리아-헝가리 제국으로부터 독립해야 한다."고 주장했다. Gavrilo Princip(가브릴로 프린치프)는 세르비아계 보스니아 청년으로 「검은 손」의 일원이었다. 그는 라틴다리 옆의 모리츠 쉴러 카페(Moritz Schiller Delicatessen) 인근에 있었다. 카페 앞에 대공 부부가 탄 오픈카가 나타났다. 그는 차 안에 앉아 있던 대공 부부에게 다가가 5피트 거리에서 권총을 쏘아 그들을 암살했다. 암살은 6명이 함께 감행했다. 당시 19세였던 프린치프는 20년형을 언도받아 테레진 요새에서 복역하던 중 1918년 4월 28일 23세에 결핵으로 사망했다. 라틴다리 옆 전시관 벽에는 "이 지점은 1914년 6월 28일 오스트리아-헝가리 황위 계승자 프란츠 페르디난트와 그의 부인 조피가 가

브릴로 프린치프에게 암살당한 곳이다."라는 글이 새겨져 있다. 이 전시관은 1878-1918년 사이에 사라예보 박물관으로 사용되었다. 이 건물에 모리츠 쉴러 카페가 들어와 있었다.그림 10, 11 사라예보 대학교수가 전시관 앞에서 사라예보 비극의 라틴다리 현장을 설명했다.그림 12 사라예보 암살 사건은 제1차 세계대전을 촉발시켰다. 사라예보 벽에는 그동안 이 지역에서 진행된 여러 전쟁의 상흔이 역력하다. 사라예보사건 100주년 다음 해인 2015년에 베오그라드 프린치프 공원 안에 프린치프 동상이 세워졌다.

그림 12 **사라예보 박물관 앞 사라예보 사건 설명**

그림 13 **보스니아 헤르체고비나 사라예보의 비둘기 광장**

사라예보 도심 번화가에는 1895년부터 전기로 운행하는 트램(tram)이 다닌다. 사라예보 도심의 비둘기 광장에는 늘 사람들로 넘친다.그림 13 2009년에 사라예보 중심가에 쇼핑몰과 비즈니스 기능을 갖춘 BBI 센터가 들어섰다. 최상층에는

**그림 14 보스니아 헤르체고비나 사라예보 중심지와 알 자지라 발칸 방송국**

2011년부터 활동하는 방송국 Al Jazeera Balkans(알 자지라 발칸) 본사가 있다.그림 14

사라예보에는 이슬람의 풍취가 묻어난다. 사라예보에 있는 보스니악 연구소(Bosniak Institute)에는 박물관, 갤러리, 문화 센터, 도서관, 출판사 등 이슬람 연구에 관련된 시설이 있다. 1988년 스위스 취리히에서 설립되었으며 2001년 사라예보로 이전했다. 사라예보에는 이슬람 분위기가 나는 거리와 행인들, 이슬람 사원, 터키풍(風)의 작은 거리 바슈카르지아 등 무슬림 도시 경관이 많다. 무슬림 가정의 침상은 바닥에 깔려있고 추위에 대비해 화덕을 설치했다.

1874년에 동방정교회인 테오토코스 탄생교회(Cathedral of the Nativity of the Theotokos)가 사라예보에 세워졌다. 「테오토코스」는 동방정교회에서 사용하는 예수의 어머니 마리아의 칭호다. 1887년에 가톨릭 성당인 사라예보 대성당(Sarajevo Cathedral)이 지어졌다. 이곳은 '예수님의 성심'을 뜻하는 성심 성당(Sacred Heart Cathedral)으로도 불린다.

1452년에 건설된 모스타르(Mostar) 시에는 1,165.63km$^2$ 면적에 113,169명이 산다. 모스타르 가는 길목에 성 바울과 베드로의 가톨릭 교회와 프란시스 수도원이 있다. 시를 가로질러 흐르는 네레트바(Neretva) 강 위에 Mostar

Bridge(모스타르 다리)가 있다. '오래된 다리'를 뜻하는 모스타르 다리는 보스니아어로 스타리 모스트(Stari Most)라 한다. 1567년에 이슬람에 의해 건립되었다. 길이가 29m, 너비가 4m, 높이가 24m다. 1993년 보스니아 전쟁 때 크로아티아가 파괴했으나, 2001-2004년 사이에 재건되었다. 2005년에는 유네스코 세계유산으로 등재되었다. 주변 경관과 잘 어울리는 이슬람 문화경관으로 평가받았다.그림 15, 16

그림 15 **보스니아 헤르체고비나의 모스타르 다리**

그림 16 **보스니아 헤르체고비나의 네레트바 강**

SUBOTICA
SEVERNI BANAT
SEVERNI BAČKA
SOMBOR
KIKINDA
ZAPADNA BAČKA
SREDNJI BANAT
JUŽNA BAČKA
ZRENJANIN
NOVI SAD
JUŽNI BANAT
SREM
PANČEVO
SREMSKA MITROVICA
SMEDEREVO
BELGRADE
ŠABAC
POŽAREVAC
MAČVA
PODUNAVLJE
BRANIČEVO
KOLUBARA
BOR
VALJEVO
ŠUMADIJA
BOR
JAGODINA
MORAVICA
KRAGUJEVAC
POMORAVLJE
ZAJEČAR
UŽICE
ČAČAK
ZAJEČAR
KRALJEVO
RASINA
KRUŠEVAC
NIŠAVA
ZLATIBOR
RAŠKA
NIŠ
PIROT
TOPLICA
PROKUPLJE
PIROT
JABLANICA
LESKOVAC
PČINJA
VRANJE

# 19

# 세르비아 공화국

그림 1 **세르비아 국기**

세르비아의 정식 명칭은 세르비아 공화국이다. 영어로 Republic of Serbia라 표기한다. 세르비아어로 Republika Srbija(레푸블리카 스르비야)라 한다. 발칸 반도의 Pannonian Plain(판노니아 평원)에 위치한다. 세르비아에는 Danube(다뉴브) 강, Sava(사바) 강, Drina(드리나) 강이 흐른다. 2020년을 기준으로 88,361km$^2$ 면적에 6,926,705명이 산다.

세르비아의 국기 원형은 1835년 세르비아 공국 시절에 만들었다. 현재의 국기는 2010년 11월에 제정되었다. 세르비아 국기는 범슬라브 색인 빨간색, 파란색, 하얀색의 3색기다. 좌측으로 쌍두 독수리가 있는 세르비아 소형 국장(國章)이 그려져 있다.그림 1

판노니아 평원은 중앙유럽과 동남유럽에 걸쳐 있는 평원이다. 약 533만 년 전에서 258만 년 전 기간에 존재했었던 판노니아 바다가 마르면서 만들어진 퇴적 지형이다. 평원 주변은 카르파티아산맥, 디나르알프스산맥이 둘러싸고 있다. 세르비아는 판노니아 평원 아래쪽에 있다.그림 2

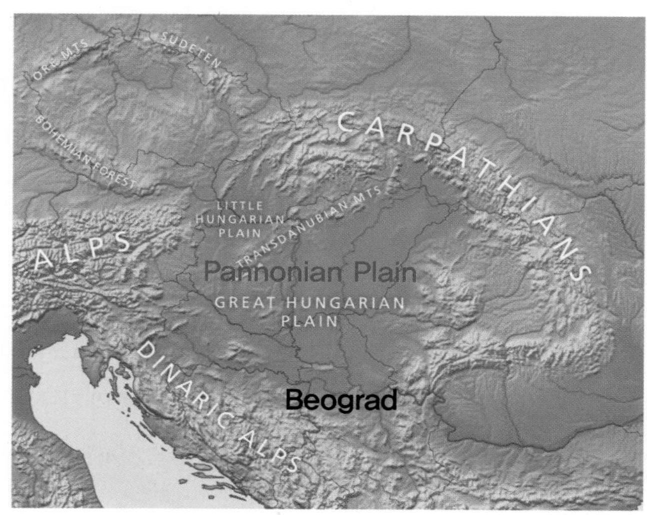


그림 2 **판노니아 평원과 세르비아 베오그라드**

갈레리우스, 막시미누스, 리시니우스 황제 등의 로마 황제가 세르비아에서 출생했다. 세르비아 Gamzigrad(감지그라드)에 298년 조성된 Galerius(갈레리우스) 궁전이 발굴되어 2007년 유네스코 세계 문화유산으로 등재되었다. 780년 이후 슬라브인들이 세르비아에 정착했다. 1217년에 세르비아 공국으로, 1346년에 제국으로 변화됐다. 1459-1556년의 기간 동안 오스만의 지배를 받았으나, 1878년 오스만 제국으로부터 독립했다. 1882년에 세르비아 왕국으로 변화 독립되었다.

1914년 사라예보 사건이 터졌다. 오스트리아-헝가리 제국이 세르비아에 선전 포고를 해 제1차 세계대전이 일어났다. 세르비아는 1916년 오스트리아-헝가리 제국에 점령당했다. 그러나 1918년 세르비아와 몬테네그로는 점령당했던 땅을 수복했다. 이어 Serbs(세르브스)를 위시하여 슬라브 지역 사람들이 Novi Sad(노비 사드)에서 모여 Vojvodina(보이보디나) 지역과 세르비아 왕국의 통일을 선언했다. 노비 사드는 보이보디나주의 주도로 인구 277,522명이 사는 세르비아 제2의 도시다. 세르비아는 1918년 유고슬라비아 왕국으로 통합 독립했다.

유고슬라비아 왕국은 제2차 세계 대전 중인 1941년 3월 25일에는 추축국 진영에 가담했으나, 1941년 3월 27일 친(親) 영국 세력의 쿠데타로 탈퇴했다. 추축국 진영에 있던 나치 독일과 이탈리아 왕국은 보복 조치로 유고슬라비아를 침공했다. 1943-1945년 기간 동안 유고슬라비아는 소련의 지원을 받으면서 파르티잔 활동을 통해 영토를 수복했다. 요시프 티토는 유고슬라비아 사회주의 연방공화국을 수립했다. 유고슬라비아는 공산 국가의 바르샤바 조약이나, 친(親) 서방의 북대서양 조약기구에 가입하지 않은 채 티토의 지도 아래 비동맹 운동 노선을 걸었다. 1961년 9월 베오그라드에서 제1차 비동맹

운동 정상 회의가 열렸다.

1980년에 티토가 사망했다. 동구권의 민주 혁명과 민족주의가 대두되면서 변화가 일어났다. 1991-1992년 사이에 유고슬라비아로 묶여 있던 여러 나라들이 차례로 유고슬라비아에서 분리 독립했다. 연방의 중추국가였던 세르비아는 이에 반발하여 유고슬라비아 전쟁을 일으켰다. 세르비아는 크로아티아, 보스니아 헤르체고비나, 코소보에서 민족 청소 등의 반인륜적 전쟁 범죄를 자행했다. 이에 북대서양 조약 기구(NATO)와 미국이 군사개입을 감행했다.

1991년에 유고슬라비아 연방이 해체된 후 세르비아는 몬테네그로와 함께 신(新) 유고연방을 구성했다. 신 유고연방은 2003년에 세르비아 몬테네그로로 개명했다. 2006년 5월 몬테네그로가 국민투표로 분리 독립했다. 2006년에 세르비아 몬테네그로가 해체됐다. 세르비아와 몬테네그로는 각각 공화국으로 분리되었다. 2008년에 이르러 코소보가 세르비아에서 분리 독립을 선언했다.

세르비아는 네 번의 독립을 겪었다. 1878년 오스만 제국으로부터 독립했고, 1882년 세르비아 왕국으로 변화 독립했다. 1918년 오스트리아-헝가리 제국으로부터 빼앗긴 땅을 수복하고 보이보디나주를 합쳐 구성한 유고슬라비아(Yugoslavia) 왕국으로 통합 독립했다. 1992년 세르비아와 몬테네그로(Serbia and Montenegro) 통합국가로 독립했다.

세르비아는 1992년 계획경제에서 혼합경제로 전환되었다. 오늘날 세르비아는 자유 국가로 분류되고 있다. 2000년 이후 외국인 직접 투자를 유치했다. 러시아에서 에너지 분야를, 중국에서 광산 분야를 유치했다. 2018년 기준으로 서비스업 56.0%, 산업 28.1%, 농업 15.9%다. 독일, 이탈리아, 러시

그림 3 **세르비아의 수도 베오그라드**

아, 중국, 인접 발칸 국가와 교역한다. 수도 베오그라드에 국내외 기업, 국립 은행, 증권 거래소가 있다. 2021년 1인당 GDP는 8,807달러다. 세르비아와 루마니아 사이에 있는 다뉴브 강 Iron Gate(아이언 게이트) 협곡에 수력 발전소를 건설하여 수력 발전으로 전기를 공급한다.

수도인 Beograd(베오그라드)는 '하얀 도시'라는 뜻이다. 영어로 Belgrade라 표기한다. 2011년 기준으로 359.9km$^2$ 면적에 1,116,763명이 산다. 베오그라드 대도시권 인구는 1,687,132명이다. 다뉴브 강, 사바 강 등이 합류하는 요충지에 위치해 있다.그림 3

베오그라드는 켈트계 부족이 BC 279년에 세운 도시 Singidūn(신기둔)이 기원이다. 로마 제국은 이 도시를 Singidunum(신기두눔)이라 칭하며 다뉴브 강의 전략적 요충지로 삼아 수백 년 동안 통치했다. 441년 훈에게 함락당한 후, 12세기까지 동로마 제국, 불가리아 제국, 헝가리 등의 쟁패지가 되었다. 878년에 이 도시를 슬라브식 명칭인 Beograd(베오그라드)라 불렀다.

1204년 이후 세르비아 세력이 베오그라드를 중심으로 자리를 잡았으나, 1427년에 헝가리 왕국에 합병되었다. 이 도시는 헝가리어로 Nándorfehérvár(난도르페헤르바르)라 불렀다. '하얀 성채'란 뜻이다. 오스만 제국의 메흐메트 2세의 공격을 헝가리의 야노시가 막아냈다. 1521년 메흐메트 2세의 증손자인 쉴레이만 1세가 이 도시를 함락했다. 1526년 쉴레이만 1세는 모하치 전투에서 헝가리 군대를 괴멸시켰다. 오스만 제국은 300여 년간 이 지역을 다스렸다. 1867년 4월 6일 오스만 군대가 철수했는데 이 날을 근대 베오그라드의 출발일로 규정하고 있다.

그림 4 **세르비아 베오그라드와 성 사바 대성당**

그림 5 세르비아 베오그라드의 성 사바 대성당 전경

1878년 베를린 조약으로 세르비아가 독립하면서 베오그라드는 수도가 되었다. 제1차 세계대전 때는 동맹군이, 제2차 세계대전 시기에는 나치가 이 도시를 점령했다. 1945-1992년 사이 유고슬라비아 사회주의 연방공화국의 수도였다. 1992-2003년 기간 유고슬라비아 연방공화국의 수도, 2003-2006년 사이는 세르비아 몬테네그로 공화국의 수도였다. 2006년 몬테네그로가 독립하면서 세르비아 공화국의 수도로 남아 현재에 이른다. 베오그라드는 동구권 경제 지원을 위해 1991년에 설립된 유럽부흥개발은행의 지원을 받아 발전했다.그림 4

Church of Saint Sava(성 사바 대성당)은 세르비아 정교회의 창시자인 성 사바에 헌정된 대성당이다. 성 사바의 무덤으로 추정되는 지점에 지어졌다. 오스만 제국 때인 1595년에 성 사바의 유물과 석관이 베오그라드에 안치됐다. 성 사바 대성당은 1935년에 공사를 시작해 2004년에 봉헌됐다.그림 5

Kalemegdan(칼레메그단)은 BC 279년에 세워졌다. 여러 차례 파괴되었으나 1736년까지 재건됐다. Kalemegdan은 터키어 kale(요새)와 mejdan(전쟁터)을 합친 말에서 유래했다. 다뉴브 강과 사바 강 합류지점에 있는 요새다. 1867년부터 공원으로 개편되었다. 칼레메그단 요새와 군사박물관 등이 있다.그림 6

그림 6 **세르비아의 베오그라드 요새 칼레메그단 공원**

그림 7 **세르비아 베오그라드의 공화국 광장과 국립 역사박물관**

베오그라드 공화국 광장은 시민들이 즐겨 찾는 곳이다. 세르비아 국립박물관이 왼쪽에 있고, 베오그라드 매리어트 호텔이 가운데 있으며, 국립 중앙극장이 오른편에 있다. 1844년에 설립한 세르비아 국립박물관은 1950년에 현재의 건물로 옮겼다.그림 7

1892년부터 베오그라드에는 트램(tram)이 운영됐다. 베오그라드의 도심지역은 활기와 생동감이 넘친다. 베오그라드는 19세기부터 세르비아 예술인들의 활동 무대였다. 예술인들이 많이 모이는 문화의 거리 Mihailova(미하일로바) 거리에는 슬라브 문화가 배어 있다. 1870년대부터 개발되었으며 1km에 이르는 세르비아 문화유산 거리다.

그림 8 **세르비아 베오그라드의 티토 동상과 유고슬라비아 6개국 상징물**

유고슬라비아의 지도자 티토의 무덤은 베오그라드의 전망 좋은 곳에 위치해 있다. 6개 돌의 모양은 유고슬라비아를 구성했던 6개국을 의미한다. 티토의 본명은 Josip Broz(요시프 브로즈)다. Tito(티토)는 당원명이다. 1944년 수상과 대통령을 거쳐 1963년 이후 종신 대통령이 되었다. 그는 비동맹중립외교 정책을 고수했고, 유고슬라비아의 통일을 지키며 경제건설을 추진했다.그림 8

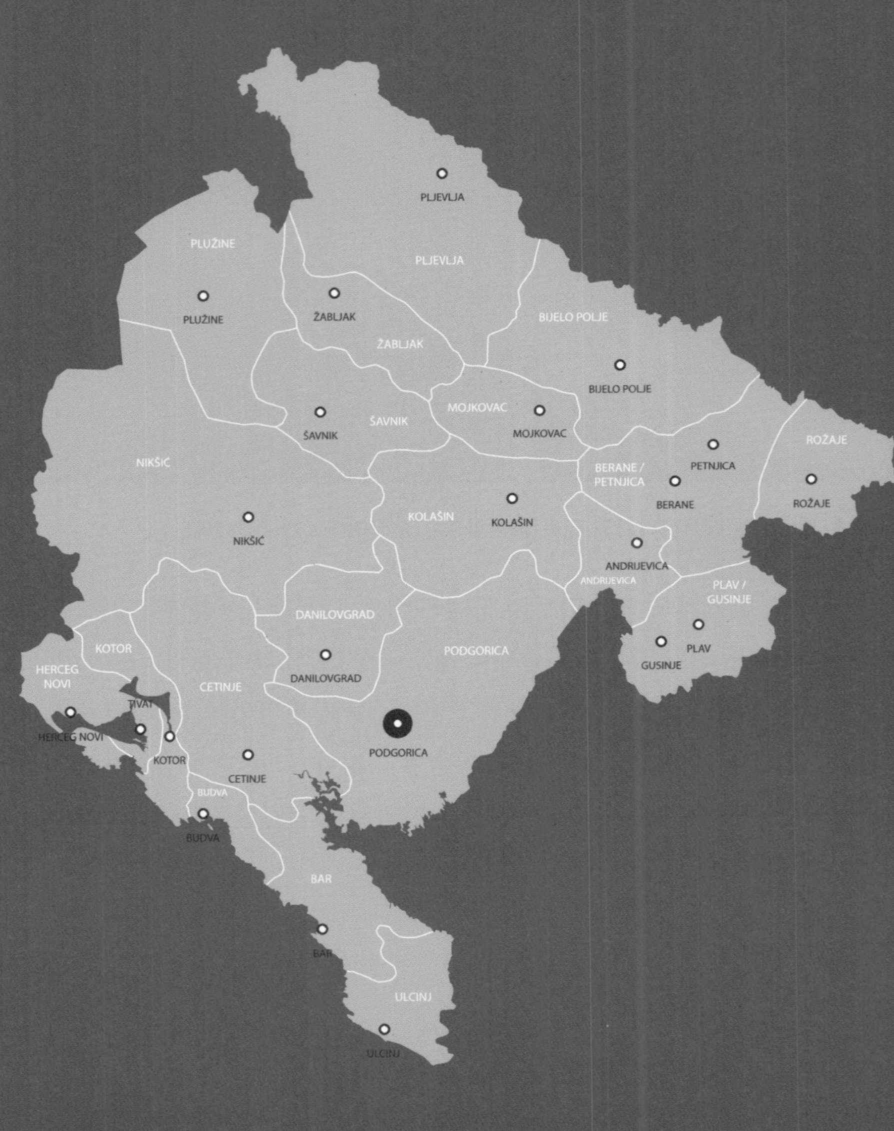
PLJEVLJA
PLUŽINE
PLJEVLJA
PLUŽINE
ŽABLJAK
BIJELO POLJE
ŽABLJAK
BIJELO POLJE
MOJKOVAC
ŠAVNIK
MOJKOVAC
ŠAVNIK
ROŽAJE
NIKŠIĆ
PETNJICA
BERANE / PETNJICA
ROŽAJE
BERANE
KOLAŠIN
KOLAŠIN
NIKŠIĆ
ANDRIJEVICA
ANDRIJEVICA
PLAV / GUSINJE
DANILOVGRAD
PLAV
GUSINJE
KOTOR
PODGORICA
HERCEG NOVI
DANILOVGRAD
CETINJE
TIVAT
HERCEG NOVI
KOTOR
PODGORICA
CETINJE
BUDVA
BUDVA
BAR
BAR
ULCINJ
ULCINJ

# 20

# 몬테네그로

그림 1 **몬테네그로 국기**

몬테네그로는 몬테네그로어로 Crna Gora(츠르나 고라)라 한다. 영어로는 Montenegro라 표기한다. 2020년 기준으로 13,812km$^2$ 면적에 621,873명이 거주한다. 국호 몬테네그로는 '검은 산(Black Mountain)'이란 뜻이다. 숲이 울창했을 때의 Lovćen(로브첸) 산의 경관에서 유래되었다.

몬테네그로의 국기는 2004년에 제정되었다. 금색 테두리에 빨간색 직사각형이 있고 빨간색 직사각형 가운데에 몬테네그로의 국장이 그려져 있다. 국장 중심의 금색 사자 문양은 베네치아 공화국의 수호 성인 성 마르코의 상징물이다. 몬테네그로는 1797년까지 베네치아 공화국에 속해 있었다.그림 1

몬테네그로는 9세기 비잔티움 제국의 제후국이었던 Duklja(두클랴)에서 출발했다. 13세기에 이 지역을 '츠르나 고라' 또는 '몬테네그로'라 불렀다. 몬테네그로는 1878년 오스만 제국으로부터 독립을 인정받은 후, 1910년에 왕국을 선포했다. 1918년에 이르러 몬테네그로는 유고슬라비아의 일부가 되었다. 2003-2006년의 기간 동안 세르비아 몬테네그로 국가연합으로 존속했다. 2006년 6월에 국민투표를 실시하여 몬테네그로는 세르비아 몬테네그로 국가연합으로부터 독립했다. 독립 당시의 국명은 몬테네그로 공화국이었다. 그러나 2007년에 이르러 나라 이름을 몬테네그로로 변경했다. 2006년에 유엔에 가입했고, 2017년 NATO(북대서양 조약 기구)의 정식 회원국이 되었다.

몬테네그로는 산악이 많은 작은 나라로 경제 활동에 제약이 있다. 주요 산업은 제철, 알루미늄, 농산물 가공, 소비재, 관광업 등이다. 산업별 종사자 비율은 2017년 기준으로 서비스업이 75%, 산업이 17.1%, 농업이 7.9%다. 수출 교역국은 세르비아, 크로아티아, 슬로베니아다. 2021년 몬테네그로의 1인당 GDP는 9,064달러다.

옛 왕국의 수도(Old Royal Capital)는 Cetinje(체티녜)다. 체티녜 행정권역에

2011년 기준으로 910km$^2$ 면적에 16,657명이 거주한다. 체티네는 1482년에 건설되었으며, 1878년에 독립하면서 수도가 되었다. 1910년 왕국을 선포하여 왕국의 수도로 바뀌었다. 당시 인구는 5,895명이었다. 체티네는 카르스트 지형 위에 세워진 도시이며, 도시 주변은 석회암 산(山)으로 둘러싸여 있다. 석회암 산 가운데 하나가 로브첸 산이다. 1894-1895년 기간에 지은 대통령 관저 Blue Palace(블루 팰리스)가 있다. 체티네에 몬테네그로 문화부 등 정부기관이 있다.

체티네에는 페타르 2세의 박물관이 있다. Petar II Petrović-Njegoš(페타르 2세 페트로비치-네고스)는 1830–1851년의 기간에 몬테네그로의 왕자이자 주교였다. 페타르 2세는 세르비아 정교회에서 체티네의 성 베드로(Saint Peter of Cetinje)로 정식화되었다. 페타르 2세의 집을 개축하여 1951년 페타르 2세 박물관이 개관됐다.

오늘날 몬테네그로의 수도는 Podgorica(포드고리차)다. 2011년 기준으로 108km$^2$ 면적에서 185,832명이 거주한다. 포드고리차 대도시지역 인구는 201,351명이다. 도시의 이름은 '고리차 아래'라는 뜻이다. 고리차는 해발고도 107m의 언덕이다. 1326년 이전에는 Ribnica(리브니차)로, 1945-1991년 기간에는 Titograd(티토그라드)라고 불렀다. 티토는 유고슬라비아 지도자 요시프 브로즈 티토를 말한다. 제2차 세계대전 때 폭

그림 2 **몬테네그로의 수도 포드고리차**

격으로 도시가 크게 파괴되었다. 이런 역사적 사실을 담으려고 고리차 언덕에 제2차 세계대전 기념관(World War II memorial)을 지었다. 1946년에는 유고슬라비아의 몬테네그로 사회주의 공화국 수도가 되었다. 2006년부터는 독립국 몬테네그로의 수도가 되었다.그림 2

그림 3 **몬테네그로 포드고리차 체티네의 성 베드로 광장**

아틀라스 캐피탈 센터에서 내려다 보면 포드고리차의 도시 경관이 잘 드러난다. 도시의 중심에 체티네의 성 베드로 광장이, 오른쪽 상단에 2005년 건설한 밀레니엄(Millenium) 다리가, 왼쪽 상단에 1993-2013년 중 지은 그리스도 부활 성당이 있다.그림 3 넓은 길 체티네의 성 베드로 대로(boulevard)가 도시 한가운데 뻗어 있다.

몬테네그로 연안 아드리아해 남서쪽에 Kotor(코토르) 만이 있다. 코토르 만 주변 지역은 고대부터 사람들이 거주해 온 달마티아 역사 지역의 일부다. Kotor(코토르), Perast(페라스트), Risan(리산) 등의 중세 도시가 위치해 있다. 정교회, 가톨릭 교회, 수도원 등이 다수 세워져 있다. 코토르 만 연안의 자연 문화 역사 지역은 1979년에 유네스코 세계 문화 유산으로 등재되었다.

PRISTINA
KOSOVO

21

# 코소보 공화국

그림 1 **코소보 국기**

코소보의 공식 명칭은 코소보 공화국이다. 영어로 Republic of Kosovo라 표기한다. 2008년 세르비아로부터 독립한 후 코소보 공화국이라는 국명을 택했다. 세르비아어로 Republika Kosovo(레푸블리카 코소보), 알바니아어로 「레푸블리카 에 코소버스」라 한다. 약(略)하여 세르비아어로 Kosovo(코소보), 알바니아어로 Kosova(코소바)라 말한다. 코소보에는 10,887km² 면적에 2021년 기준으로 약 1,935,259명이 거주한다. 국호 코소보는 '검은 새들의 밭(field of blackbirds)'이란 뜻의 세르비아 지명에서 유래했다.

코소보는 동쪽의 코소보 분지와 서쪽의 메토히야 분지 등 2개의 산간분지 지형으로 이루어져 있다. 2012년에 지정된 코소보 네무나 국립공원이 있다. 루고나 지역은 알바니아와 국경을 접하고, 코소보 국토면적의 1/10인 사르산이 있으며, 체키나트 호수가 있다.

코소보의 국기는 2008년 2월 코소보 의회를 통해 제정되었다. 국기에는 코소보에 거주하는 6개 민족이 6개의 하얀 별로 표시되어 있다. 6개 민족은 알바니아인, 세르비아인, 보스니아인, 터키인, 로마인, 고라니인이다. 코소보의 영토는 파란 바탕에 황금색 지도로 그려져 있다.그림 1

2011년 코소보 주민의 민족 구성은 코소보 알바니아인이 92.9%로 가장 많다. 코소보 공용어는 알바니아어와 세르비아어이다. 알바니아어를 모어(母語)로 사용하는 주민이 94%로 가장 많다. 보스니아어, 세르비아어, 터키어, 집시어인 롬어 사용자도 소수 있다. 코소보의 종교는 이슬람교가 95%로 대다수다.

코소보의 광물자원과 농업은 경제를 지키는 버팀목이다. 광물 자원은 갈탄·아연·마그네사이트 등이 있다. 갈탄 매장량은 세계적이다. 땅이 비옥하여 밀·콩·옥수수 등의 곡물과 채소 등이 재배된다. 와인 생산이 활발하다.

2021년 코소보의 1인당 GDP는 4,856달러다.

기원전 이 지역은 로마 제국에 병합되었다. 중세 시대에는 주변 여러 제국이 번갈아가며 이 지역을 점령했다. 1252년 코소보에 세르비아 정교회가 들어왔다.

세르비아 왕국과 오스만 제국은 1389년에 코소보에서 전투를 벌였다. 전투과정에서 오스만 제국의 술탄 Murad I(무라드 1세)가 죽임을 당했다. 이를 계기로 코소보는 외세에 저항하는 세르비아인의 상징 지역이 되었다. 그러나 최종 전투 결과는 오스만 제국의 승리로 끝났다. 1455-1912년까지 이 지역은 오스만 제국이 다스리는 땅이 되었다. 오스만 제국 통치 시기인 17세기에서 18세기에 이 지역의 세르비아인들은 종교적 이유로 오스트리아령으로 이주했다. 사람이 떠난 자리에 이슬람교 알바니아인들이 들어와 이 지역은 알바니아인 지역으로 바뀌었다.

1912년 10월부터 1913년 5월까지 제1차 발칸 전쟁이 발발했다. 세르비아, 몬테네그로, 불가리아, 그리스 등 4개의 왕국이 발칸 동맹을 구축하여 오스만 제국과 싸운 전쟁이었다. 발칸 동맹이 승리했다. 패배한 오스만 제국은 1913년 런던 조약으로 코소보를 세르비아와 몬테네그로에 할양했다. 세르비아와 몬테네그로는 제1차 세계대전 이후 1918년에 유고슬라비아 왕국에 참여했다. 제2차 세계대전 이후 1945년에는 유고슬라비아 사회주의 연방공화국이 출범했다. 이때 공화국 헌법으로 코소보 메토히야 자치주가 탄생했다.

1998-1999년의 기간 중 코소보와 세르비아 사이에 코소보 전쟁이 터졌다. NATO(북대서양 조약 기구)가 개입하여 전쟁을 끝냈다. 유엔은 코소보를 자치지역으로 통치했다. 코소보는 2008년에 이르러 세르비아로부터 독립을 선

언했다. 2020년 기준으로 98개 유엔 회원국으로부터 독립을 승인받았다. 세르비아는 이 지역이 세르비아 코소보 메토히야 자치주라고 주장한다.

Prishtina(프리슈티나)는 코소보의 수도다. '샘물(spring)'이란 뜻이다. 2011년 기준으로 30.3km²에 145,149명이 산다. 프리슈티나 행정권에는 198,897명이 거주한다.그림 2

프리슈티나는 중세 시대 세르비아 왕국의 수도였다. 1389년 코소보 전투에서 프리슈티나는 코소보의 주요 거점이었다. 1912년 8월 알바니아 봉기군이 프리슈티나를 점령하여 1389년 이후 500여년 만에 오스만 제국 지배로부터 벗어났다. 그러나 세르비아군이 1912년 10월 프리슈티나에 진입하여 프리슈티나를 세르비아 관리 아래 두었다. 프리슈티나는 유고슬라비아 왕국을 거쳐 티토의 유고슬라비아 사회주의 연방공화국에 이르기까지 지방도시로 존속했다.

그림 2 **코소보의 수도 프리슈티나**

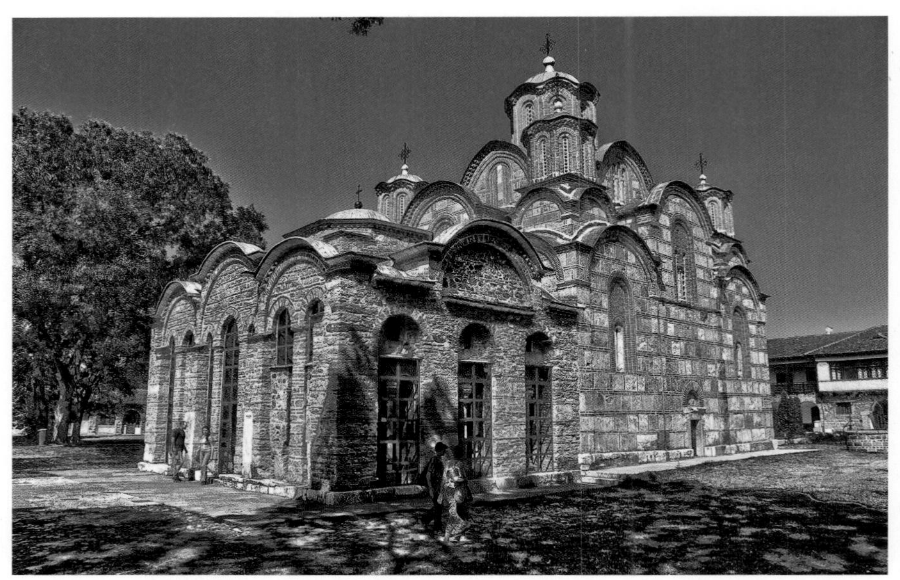

그림 3 **코소보의 그라차니카 수도원**

1981년 알바니아 학생들은 프리슈티나에서 민족주의를 주창하며 자치권 확대를 요구하는 시위를 벌였다. 그러나 중앙 정부가 유혈 진압하면서 민족 갈등이 불거졌다. 1989년 이후 세르비아에 슬로보단 밀로셰비치가 집권하면서 유고 연방 해체와 민족주의 바람이 불었다. 프리슈티나에서는 1990년대 후반에 이르러 코소보 해방군과 세르비아 군경 사이에 산발적인 전투가 벌어졌다. 급기야 세르비아 정부는 알바니아어 사용을 금지하고 무력으로 민족 억압 정책을 강행해 1998-1999년의 코소보 전쟁이 터졌다. 세르비아군은 많은 알바니아인을 학살했다. 코소보 알바니아인들은 KLA(코소보 해방군)의 Adem Jashari(아뎀 자샤리)를 중심으로 격렬하게 저항했다. '코소보의 영웅' 아뎀 쟈샤리는 가족 등 58명과 함께 1998년에 순직했다. NATO가 개입하여 프리슈티나 내의 세르비아 군사시설 등을 공중 폭격했다. 프리슈티나에 있는 다수의 공공기관이 파괴되고 수많은 전쟁 난민이 고초를 겪었다. 전쟁은 끝나고 1999년 6월 세르비아군이 철수했다. Kosovo Security Force(코소보 보안군)이 조직되어 NATO에 가입하기를 원했다.

프리슈티나는 전쟁의 영향으로 많이 파괴되었다. 그러나 오스만 제국과 유고슬라비아 왕국 시절의 종교 유산 등이 남았다. Gračanica(그라차니카) 수도원은 1321년 세르비아 왕 스테판 밀 루틴이 세웠다. 2004년 유네스코 세계문화유산으로 등재됐다.그림 3 오스만 제국이 다스리던 시기인 1451년 Imperial Mosque(제국 모스크)가 지어졌다. 프리슈티나에 남아 있는 이슬람 유적으로서의 가치를 지닌다.그림 4 프리슈티나에 마더 테레사 성당(Mother Teresa Cathedral of Pristina)이 있다. 알바니아계 부모를 둔 성(聖) 테레사 수녀를 기념하는 성당이다. 테레사 수녀의 탄생 100주년을 기념하는 행사의 일환으로 2010년에 개관했고, 2017년에 공식적으로 테레사 수녀에게 봉헌되었다.그림 5

그림 4 **코소보의 제국 모스크**

그림 5 **코소보 프리슈티나의 마더 테레사 성당**

1980년에 코소보 정부청사 건물 Rilindja Tower(리린자 타워)가 건설됐다. 89m 높이의 19층 건물로 코소보 4개 부처가 있다. Goddess on the Throne(왕좌의 여신)은 BC 5,700-BC 4,500년경에 만들어진 것으로 추정되는 조각상이다. 18.5cm 크기로 코소보 박물관에 보관되어 있으며 프리슈티나 지방자치단체의 상징이다.그림 6 1975년에 들어선 Academy of Sciences and Arts of Kosovo(코소보 과학 예술 아카데미)에는 알바니아계 미국인 노벨상 수상자 페리드 뮤라드(Ferid Murad)와 알바니아계 로마 가톨릭 수녀 테레사가 명예회원으로 있다. 2006년 이후 아담 자샤리 이름을 붙인 코소보 국제공항이 개축되는 등 새로운 도시 시설이 들어서고 있다. 코소보 국민들은 코소보 전쟁에서 코소보를 도와준 미국에 대해 호의적이다. 1998-1999년의 코소보 전쟁을 도와준 미국의 빌 클린턴 대통령에게 고마움을 표하기 위해 2009년 프리슈티나에 3m 높이의 클린턴 동상을 세웠다.

Prizren(프리즈렌)은 오스만 제국 시대 코소보의 문화 중심지였다. 오늘날에는 인구 170,000명이 사는 코소보의 역사적인 수도다. 프리즈렌에는 1615년에 건축한 Sinan Pasha Mosque(시난파샤모스크)같은 오스만 제국 시대의 모스크 건물이 있다.

그림 6 **코소보 박물관의 왕좌의 여신상**

NORTHEASTERN
KRIVA PALANKA
KUMANOVO
TETOVO
SKOPJE
DELČEVO
EASTERN
KOČANI
SVETI NIKOLE
SKOPJE
GOSTIVAR
POLOG
VELES
ŠTIP
RADOVIŠ
NEGOTINO
DEBAR
KIČEVO
VARDAR
KAVADARCI
STRUMICA
SOUTHWESTERN
PRILEP
SOUTHEASTERN
PELAGONIA
STRUGA
OHRID
GEVGELIJA
BITOLA

# 22

# 북마케도니아 공화국

그림 1 **북마케도니아 국기**

북마케도니아의 공식 명칭은 북마케도니아 공화국이다. 영어로 Republic of North Macedonia로 표기한다. 마케도니아어로 「레푸블리카 세베르나 마케도니아」라 한다. 수도는 스코페다. 2019년 기준으로 25,713km² 면적에 2,077,132명이 산다. 호수가 50개 이상이고, 2,000m가 넘는 산이 16개가 있다.

북마케도니아는 독립한 이후 1992년부터 베르기나의 태양(Vergina Sun)이 그려진 국기를 사용했었다. 그리스 중앙 마케도니아의 작은 마을 베르기나(Vergina)에서 16개 황금 광선이 그려진 유골유물관(golden larnax)이 발굴됐다. 고고학계에서는 마케도니아 필립 2세와 관련된 유골관이라고 추정했다. 북마케도니아는 그리스와의 분쟁 이후에 1995년 10월 5일부터 여덟 줄기의 노란 태양 광선이 중앙에서 가장자리로 퍼져나가는 문양의 국기로 변경해 사용하고 있다.그림 1

BC 6세기 후반에 이 지역은 페르시아에 속해 있었다. BC 4세기에 이 지역은 마케도니아 왕국에 통합되었다. BC 4세기 중반 마케도니아의 필립 2세(BC 382-BC 336)가 세운 도시 유적 헤라클레아 린세스티스가 북마케도니아 남서부 도시 비톨라에 있다. 이 지역은 BC 2세기에 로마에 정복되었다. 6세기에 슬라브족이 들어왔다. 그 이후 이 지역은 불가리아, 비잔틴 제국, 세르비아 제국, 오스만 제국, 세르비아·크로아티아·슬로베니아 왕국 등의 관리 지역으로 존속되었다. 1944년 이 지역에 사회주의 연방공화국 유고슬라비아의 구성국가인 마케도니아 사회주의 공화국이 수립되었다. 1991년 11월 17일 마케도니아 사회주의 공화국은 유고슬라비아로부터 분리 독립해 마케도니아 공화국이 되었다. 그러나 그리스가 자국에도 '마케도니아'라는 지명이 있음을 주장하면서 나라 이름을 「마케도니아」로 사용하는 것에 반대했

그림 2 **북마케도니아 그리스 국호 분쟁**

다. 2018년 6월 17일 마케도니아 공화국과 그리스 양국이 Prespa agreement(프레스파 협정)으로 합의하여 국호 문제를 해결했다. 마케도니아 공화국은 2019년 2월부터 나라 이름을 「북마케도니아 공화국」으로 바꿔 사용하기 시작했다.그림 2

북마케도니아 민족 구성은 2020년 시점에서 마케도니아인 64%, 알바니아인 25%와 터키인, 로마인(Romani), 세르비아인 등으로 구성되어 있다.

13세기 카네오에 세워진 성 요한의 교회는 오흐리드 호수와 잘 어울려 북마케도니아 사람들이 즐겨 찾는 장소다. 이 교회는 요한계시록의 저자인 밧모섬의 요한에게 헌정된 교회다.그림 3 북마케도니아의 종교는 정교회가 64%, 이슬람교가 33%이다.

Lake Ohrid(오흐리드 호수)는 북마케도니아와 알바니아 사이의 산간 경계에 놓여있는 호수다. 200종 이상의 고유종과 수생 생태계가 있어 1979년 유네스코 세계문화유산으로 등재되었다. 북마케도니아의 경제는 1995년 이후 나아지고 있다. 주요 수출품은 담배, 의류, 철 등이다. 세르비아, 몬테네그

그림 3 **북마케도니아 카네오의 성 요한 교회**

로, 독일, 그리스 등과 교역한다. 2021년 1인당 GDP는 6,657달러다.

수도 스코페(Skopje)는 571.46km² 면적에 506,926명이 산다. 대도시권 인구는 578,144명이다. 도시 이름은 '관찰자'의 뜻인 로마 시대의 지명 스쿠피(Skupi)에서 유래했다. 마케도니아 사회주의 공화국이 성립될 무렵인 1944년에 수도가 되었다.그림 4

도시 서쪽에 있는 트레스카 강이 마트카 호수를 지나 마트카 캐년으로 흘러 바르다르 강과 합류한다. 도시 남서쪽의 보드나 산에서 스코페시까지 케이블이 운행된다. 도시의 상징은 도심에 있는 바르다르 강과 돌 다리(Stone Bridge)다. 12세기 이래로 스코페의 교역은 Old Bazaar(올드 바자)에서 이뤄졌다. 스코페는 1963년 7월 26일에 일어난 지진으로 도시의 80%가 파괴됐다.

그림 4 **북마케도니아 수도 스코페**

스코페는 인종과 종교에 따라 주거지가 다양하다. 도시 인구의 66%인 마케도니아인은 1963년에 지진 이후 현대적으로 재건된 바르다르 남쪽 지역에 산다. 알바니아인은 도시 인구의 20%, 로마인은 6%를 차지한다. 이슬람교도들은 도시의 오래된 지역인 북쪽 지역에 거주한다. 이 지역은 전통적이나 도시 시설이 불비하다. 올드 바자 인근의 Topaana(토파아나)는 14세기 초부터 로마 지역으로 언급된 오래된 곳이다. 3,000-5,000명 정도가 산다. 도시의 북쪽 끝에 있는 Šuto Orizari(슈토 오리자리)는 지역 공식 언어인 Romani(로마니)를 사용하는 자치 단체다.

2000년대에 이르러 스코페의 바르다르 강을 가로지르는 중심지에 마케도니아 광장(Macedonia Square)이 새롭게 조성되었다. 크리스마스 축제를 비롯하여 문화 행사가 열린다. 스코페 시민이 즐겨 찾는 장소다.

마케도니아 광장 인근에 2009년에 문을 연 테레사 수녀의 기념관이 있다. 알바니아계 로마 가톨릭 가정 출신의 테레사 수녀(1910-1997)는 북마케도니아 스코페에서 태어나 1910-1928년까지 살았다. 그녀는 인도 콜카타를 중심으로 사랑의 선교회를 이끌며 사랑을 실천했다. 1979년에 노벨평화상을 수상했다. 인도 콜카타에 있는 테레사 수녀의 무덤에는 “마케도니아 공화국과 그녀의 고향 스코페의 동료 시민으로부터의 감사의 표시”가 새겨진 기념판이 있다. 그는 2016년 성인(聖人)으로 시성(諡聖)되었다.그림 5

알렉산더 대왕은 BC 356년 마케도니아 왕국 수도 펠라(Pella)에서 출생했다. 북마케도니아인이 사용하는 키릴문자를 고안한 시릴(Cyril)과 메토디우스(Methodius) 형제는 800년대에 비잔틴 제국 시대의 테살로니카에서 태어났다. 북마케도니아 사람들은 알렉산더, 시릴 형제, 테레사 수녀 등을 존경한다. 1949년 성(聖) 시릴과 메토디우스대학교가 스코페에 세워졌다.

1924년에 건축된 마케도니아 고고학박물관은 1951년에 문을 연 마케도니아 국립 기록보관소와 1964년에 설립한 마케도니아 헌법재판소와 같은 건물을 쓰고 있다.

그림 5 **북마케도니아 스코페의 테레사 수녀 기념관**

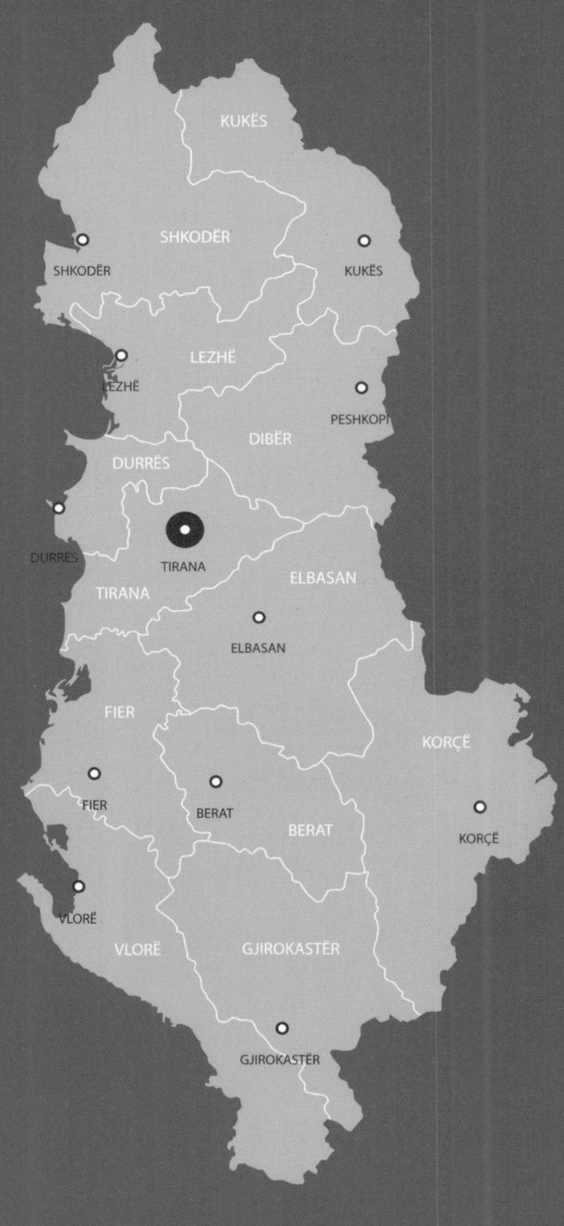
KUKËS
SHKODËR
SHKODËR
KUKËS
LEZHË
LEZHË
DIBËR
DURRËS
DURRËS
TIRANA
TIRANA
ELBASAN
ELBASAN
FIER
KORÇË
FIER
BERAT
BERAT
KORÇË
VLORË
VLORË
GJIROKASTËR
GJIROKASTËR

# 23

# 알바니아 공화국

그림 1 알바니아 국기

알바니아 공식 명칭은 알바니아 공화국이다. 영어로 Republic of Albania로 표기한다. 알바니아어로 레푸블리카 에 슈치퍼리스(Republika e Shqipërisë)라 한다. 수도는 티라나다. 2020년 기준으로 28,748$km^2$ 면적에 2,845,955명이 산다. 알바니아라는 말은 일리리아 부족인 알바니(Albani)에서 나왔다고 한다. 알바니아인들은 자기 나라를 '독수리들의 땅'이라 해석되는 '슈치퍼리(Shqipëri)', '슈치퍼리아(Shqipëria)'라 부른다. 알바니아와 이탈리아와의 거리는 오트란토 해협을 사이에 두고 72km다.

알바니아 국기는 중앙에 검은색의 쌍두 독수리가 있는 빨간색 깃발이다. 빨간색은 '용기'를 뜻한다. 쌍두 독수리는 알바니아가 주권 국가임을 나타낸다. 1912년 알바니아가 오스만 제국으로부터 독립할 때 국기로 제정되었다. 그리고 1443년 스칸데르베그가 오스만 제국과 싸울 때 쌍두 독수리와 빨간색 배경이 있는 비잔틴 제국 국기를 채택한 바 있다.그림 1

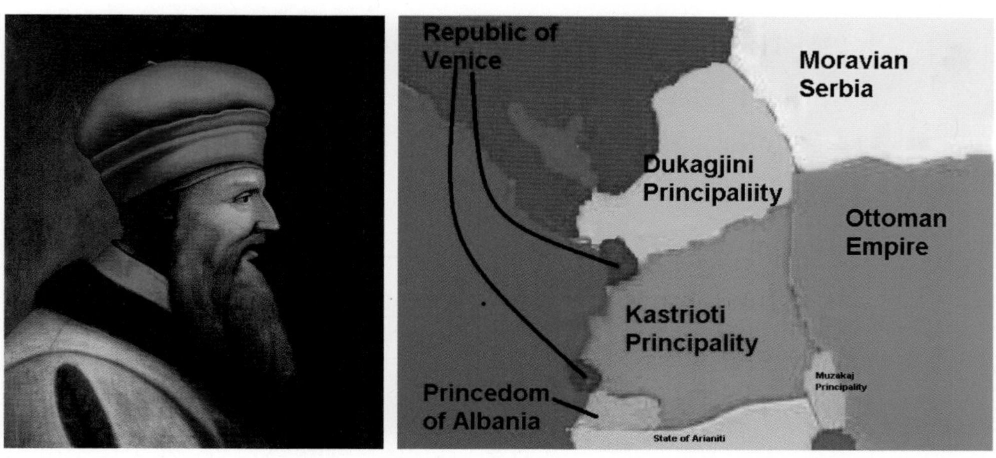


그림 2 알바니아의 스칸데르베그와 카스트리오티 공국

이 지역에 1190년 알바니아인의 국가 아르바논 공국이 세워졌다. 1272년 알바니아 왕국이 수립됐다. 1388년에 오스만 제국이 들어왔다. 1443년 알바니아 지도자 스칸데르베그(Skanderbeg)는 오스만 제국에 대항하여 이 지역에 카스트리오티 공국을 세웠다. 스칸데르베그는 알바니아어로 스컨데르베우(Skënderbeu)라 한다. 카스트리오티 공국은 1443-1468년까지 25년 동안 자치권을 유지했다.그림 2

1479년 오스만 제국은 이 지역을 합병해 관리했다. 1388-1912년의 500여 년간 오스만 제국의 간섭을 받던 알바니아는 1912년 오스만 제국으로부터 독립했다. 1913년 알바니아 공국, 1925년 알바니아 제1공화국, 1928년 알바니아 왕국으로 변화되었다. 1944-1946년의 알바니아 민주 정부, 1946-1976년 기간에 제2공화국인 알바니아 인민 공화국, 1976-1991년 기간에 제3공화국인 알바니아 인민 사회주의 공화국을 거쳤다. 1991년 4월 29일에 제4공화국인 알바니아 공화국이 수립되었다. 1998년에 현행 헌법이 제정되었다.

1941-1985년 동안 집권한 Enver Hoxha(엔베르 호자, 1908-1985)는 외부 침략을 막겠다며 1983년까지 173,371개의 콘크리트 벙커를 지었다. 호자는 체코슬로바키아 등 동부유럽에 소련군이 투입되는 상황을 보면서 전국 곳곳에 전투 벙커 등을 설치했다.

알바니아 인종 구성에서 알바니아인이 82.6%로 다수다. 알바니아의 공용어는 알바니아어다. 2011년 기준으로 인구의 98%가 알바니아어를 쓴다. 알바니아어는 토스크와 게그 방언에 기초하여 표준 언어와 문법을 구성했다. 알바니아는 중부의 슈쿰빈 강을 사이에 두고 각각 남쪽의 토스크 방언과 북쪽의 게그 방언을 쓰는 지역으로 나뉜다. 슈쿰빈(Shkumbin) 강은 두 지역 리

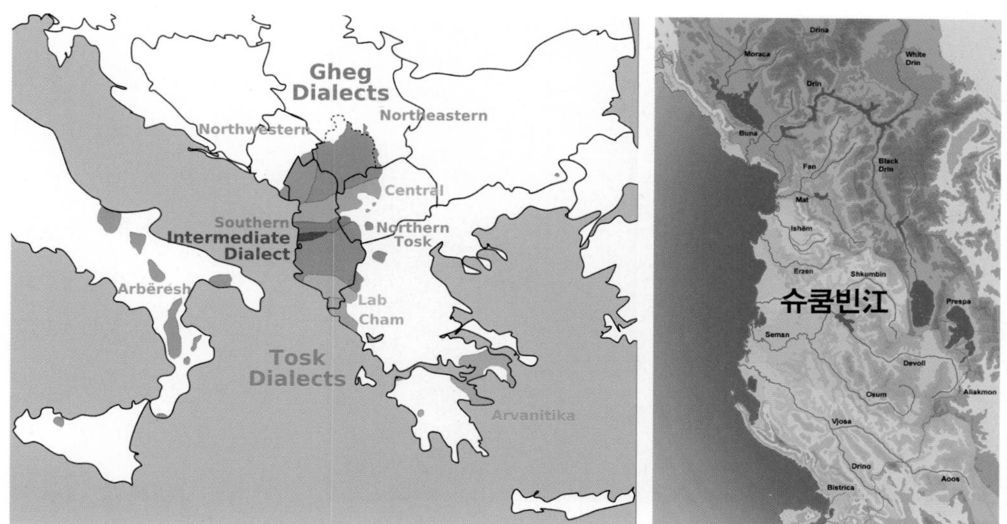


그림 3 **알바니아의 남부 토스크 방언 및 북부 게그 방언과 슈쿰빈강**

브라즈드(Librazd)와 엘바산(Elbasan) 사이의 슈쿰빈 협곡을 따라 흐르는 강으로 길이가 181km다. 슈쿰빈 강은 자연 경계를 만들어 역사적으로 일리리아와 고대 그리스를 나누는 문화적 경계 역할을 했다.그림 3 알바니아인들은 그리스어, 이탈리아어, 영어, 프랑스어 등 외국어 구사 능력이 우수하다. 2011년 기준으로 58%가 이슬람교를, 10%가 가톨릭을, 7%가 정교회를 믿는다.

알바니아 경제는 열악하다. 2021년 1인당 GDP는 5,991달러다. 1941-1985년 동안 엔베르 호자가 스탈린주의와 쇄국주의를 고수하여 경제적 발전기회를 갖지 못했다. 동구권이 붕괴되던 1989년 알바니아의 1인당 GDP가 723달러에 불과했다. 2017년 추정으로 산업별 노동력 가운데 농업은 41.4%다. 수출품은 의류, 신발류, 건축 자재, 광산품, 식료품 등이다. 수출 파트너는 이탈리아, 스페인 등이다. 티라나와 두러스 두 도시가 비즈니스 중심지다.

그림 4 **알바니아의 수도 티라나**

농업은 중간 규모의 가족 단위 집단 농장에 기반을 두고 있다. 전체 인구의 41.4%가 농업에 종사한다. 국토의 24.3%가 농업용 경작지다. 2차 산업은 전자, 제조업, 섬유, 식품, 시멘트, 광업, 에너지 산업 등이다. 2008년 가동된 푸쉐-크루야(Fushë-Kruja)에 있는 안테아 시멘트 공단은 알바니아에서 규모가 큰 산업 지역이다. 알바니아에는 석유 매장량이 많다. 국영기업 알브페트롤이 석유 사업을 관리한다.

수도 티라나(Tirana)는 2011년 기준으로 1,100.03km$^2$ 면적에 557,422명이 산다. 티라나는 '낙농(dairy)'의 뜻인 고대 그리스어 tyros에서 유래했다 한다. 1614년에 오스만 제국의 알바니아 장군 술래만 바르지니(Bargjini)가 티라나를 설립했다. 티라나는 1925년 이후 현대도시로의 변화가 이뤄졌다. 알바니아 정부, 대통령, 의회 청사가 티라나에 있다.그림 4

1968년 티라나에 스칸데르베그 광장(Skanderbeg Square)을 조성했다. 말을 타고 있는 스칸데르베그의 동상이 있다. 1981년에 광장 주변에 국립역사박물관이 들어섰다.

1992년 나마즈가 광장 근처에 티라나 대 모스크(Tirana Great Mosque) 건설의 주춧돌이 놓였다. 계획 과정을 거쳐 2010년 본격적으로 건설이 시작되었다. 티라나 대 모스크에는 도서관, 문화센터, 주차장, 꾸란 강의장, 전시실, 카페테리아, 회의장 등을 건설하기로 계획되었다.

그리스도 부활 정교회 성당은 티라나의 중심부에 있는 알바니아 정교회다. 알바니아 정교회 부흥 20주년을 기념하여 2012년 문을 열었다.

20세기 말에 본격적인 자본주의 시장경제가 들어서면서 티라나에는 새로운 주거지역이 조성되었다. 2005년에 Twin Tower, 2008년에 ABA 비즈니스 센터, 2019년에 운동경기장 Air Albania Stadium 등 현대식 건물이 들어섰다.

두러스(Durrës)는 아드리아해에 연해 있는 알바니아 항구도시다. 2011년 기준으로 338.96km$^2$ 면적에 175,110명이 산다. BC 627년 고대 그리스인은 이곳에 에피담노스(Epidamnos)라는 시가지를 건설했다. BC 2세기에 로마는 알바니아 두러스에서 터키 이스탄불에 이르는 1,120km의 에그나티아 가도(街道)(Via Egnatia)를 건설했다. 두러스는 이그나티아 가도가 아드리아해로 이어지는 종착지다. 아드리아 해를 통해 지중해 연안국가와 교역이 이루어진다. 두러스 38km 동쪽에 수도 티라나가 있다.그림 5

그림 5 **알바니아의 제2의 도시 두러스**

SILISTRA
VIDIN
VIDIN
SILISTRA
RUSE
MONTANA
RAZGRAD
DOBRICH
PLEVEN
RUSE
DOBRICH
VRATSA
SHUMEN
MONTANA
PLEVEN
RAZGRAD
VELIKO TARNOVO
VRATSA
SHUMEN
TARGOVISHTE
VARNA
LOVECH
LOVECH
GABROVO
VARNA
VELIKO TARNOVO
GABROVO
SLIVEN
PERNIK
SOFIA
SOFIA
BURGAS
STARA ZAGORA
PERNIK
SLIVEN
PLOVDIV
YAMBOL
BURGAS
KYUSTENDIL
KYUSTENDIL
STARA ZAGORA
YAMBOL
PAZARDZHIK
PLOVDIV
BLAGOEVGRAD
PAZARDZHIK
HASKOVO
HASKOVO
BLAGOEVGRAD
SMOLYAN
SMOLYAN
KARDZHALI
KARDZHALI

# 24

# 불가리아 공화국

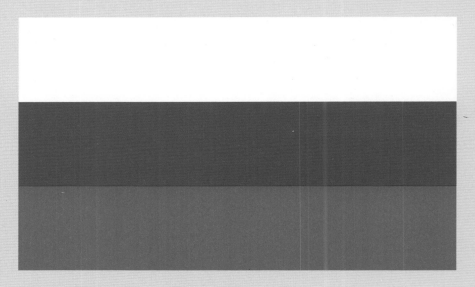

그림 1 **불가리아 국기**

불가리아 공식 명칭은 불가리아 공화국이다. 영어로 Republic of Bulgaria로 표기한다. 불가리아어로 Republika Bălgariya(레푸블리카 벌가리야)라 한다. 수도는 소피아다. 110,993.6km$^2$ 면적에 2021년 기준으로 6,875,040명이 산다. 불가리아라는 말은 투르크의 부족인 불가르족(Bulgars)에서 유래했다. 어원적으로 '혼합(mix)'의 뜻이 있다는 해석이 있다.

흰색, 녹색, 빨간색의 국기는 1877-1878년 러시아-터키 전쟁에서 불가리아가 독립을 얻은 이후 1879년에 채택됐다. 흰색은 자유와 평화를, 녹색은 농업적 부를, 빨간색은 자유를 위해 싸운 독립 투쟁을 뜻한다. 현재 국기는 1991년 불가리아 헌법에 의해 확정되었다.그림 1

불가리아는 발칸 산맥에 의해 양분된다. 북부는 다뉴브 평원 지대로 7세기에 모에시아(Moesia)로 불렸다. 남부는 트라키아 평원 지대로 로마 제국 때 트라키아(Tracia)라 했다. 발칸산맥 아래 쪽에 피린 산맥 릴라 산맥 로도피 산맥 등이 있다.그림 2 다뉴브 강의 지류인 도브루자 강이 흑해로, 마리차 강이 에게 해로 흘러 들어간다.

681-1018년의 기간은 제1차 불가리아 제국시대다. 코메토폴리 왕조가 있었고 기독교화가 진행됐다. 「불가리아」라는 나라 이름은 681년 불가리아가 개국한 이후 바꾸지 않고 그대로 유지하고 있다. 1018-1185년의 기간은 비잔틴 불가리아 시대다. 1185-1396년의 기간은 제2차 불가리아 제국시대다. 이 때 몽골이 쳐들어 오고 뒤를 이어 오스만 제국이 침략해 왔다. 1396-1878년의 기간은 오스만 불가리아 시대로 이어졌다. 불가리아는 오스만 제국에 대한 저항과 봉기 등의 독립 운동을 펼쳤다. 1877-1878년에 전개된 러시아-터키 전쟁에서 터키가 패했다. 산 스테파노 조약과 베를린 조약이 체결되었다. 이를 계기로 1878년 불가리아 공국을 수립했다.

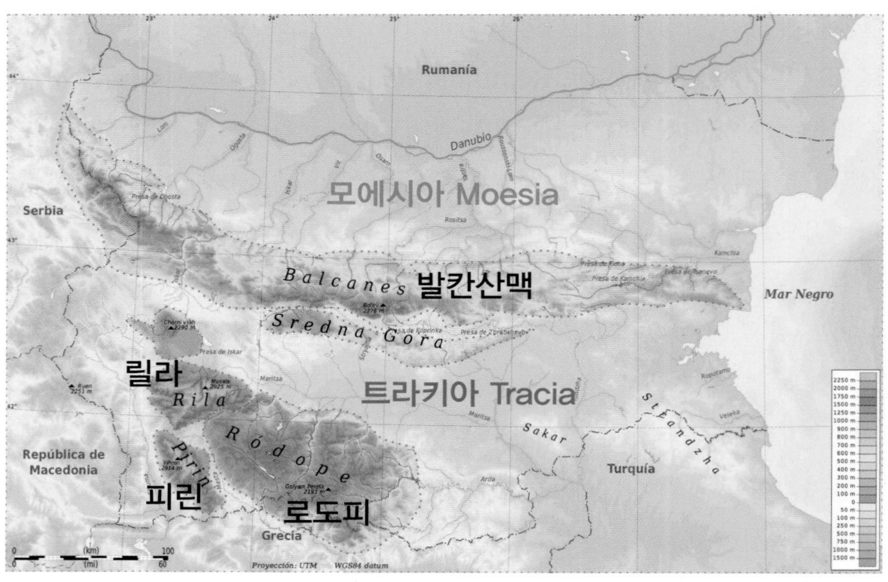


그림 2 **발칸 산맥과 모에시아, 트라키아**

1878년 이후 현재까지는 제3차 불가리아 국가로 설명한다. 불가리아는 세르보-불가리아 전쟁과 일린덴-프레오브라제니 봉기를 일으켰다. 그 결과 1908년 오스만 제국으로부터 독립하여 불가리아 왕국을 세웠다. 이어서 발칸 전쟁과 제1차, 제2차 세계대전 등이 전개됐다. 제2차 세계대전 이후 1946-1991년의 기간에 불가리아 인민공화국이 들어섰다. 1991년 7월에 이르러 새로운 헌법이 채택되면서 내각제를 중심으로 한 불가리아 공화국이 되었다.

2011년 기준으로 불가리아인이 85%로 다수다. 불가리아인 이외에 터키인이 9%, 로마인이 5% 거주한다. 종교는 불가리아 정교회가 59%, 이슬람교가 8%다. 중세 때 지어진 불가리아 정교회 보야나(Boyana) 교회는 1979년 유네스코 세계문화유산에 등재되었다. 교회 벽에는 총 89개의 종교관련 그림과 240개의 인간상이 그려져 있다.

불가리아의 산업 구성 가운데 농업은 국가 총수입의 20%를 점유한다. 광업, 화학, 기계, 석유정제, 철강, 담배, 식품 가공 등이 주 산업이다. 석탄 매장량이 많다. 정보 기술 분야를 강화하고 있다. 불가리아는 1971년 이후 우주 탐사에 기여하고 있다. 2017년 정지궤도 통신 위성 BulgariaSat-1을 쏘아 올렸다. 2021년 1인당 GDP는 11,321달러다. 노벨문학상 수상자가 1명 있다.

소피아(Sofia)는 불가리아의 수도다. 높이 2,290m의 비토샤(Vitosha) 산 자락에 입지해 있다. 2019년 기준으로 492km$^2$ 면적에 1,242,568명이 산다. 소피아 대도시권 인구는 1,674,651명이다. BC 8세기부터 이곳에 고대 트라키아인이 살았다. 소피아라는 도시 명칭은 1376년 정해졌다. 1382년 오스만 제국이 소피아를 점령한 후 루멜리아(Rumelia) 투르크 주(州)의 수도로 삼았다. 1878-1908년의 오스만 제국 자치령 때는 지방 수도의 지위였다. 1908

그림 3 **불가리아의 수도 소피아와 비토샤 대로**

년에 불가리아 왕국으로 독립하면서 소피아는 수도가 되었고 오늘에 이어지고 있다. 소피아의 주요 쇼핑거리 비토샤 대로(Vitosha Boulevard)로 2.7km에 달한다.그림 3 2001년에 소피아 비즈니스 파크를 조성했다. 1888년에 개교한 소피아 대학이 있다.

소피아는 '종교 관용의 삼각형 도시(triangle of religious tolerance)'라는 평가를 받는다. 기독교, 이슬람교, 유대교가 공존하기 때문이다. 1863년에 개보수한 불가리아 정교회 성(聖) 네델리야 교회(St. Nedelya Church), 1566년에 건축된 반야 바시 모스크(Banya Bashi Mosque), 1909년에 완공한 유대교 소피아 회당(Sofia Synagogue)이 소피아에 함께 있다.

국립 오페라와 발레(National Opera and Ballet)는 1890년부터 활동한 130년 전통의 불가리아 국가 문화 활동이다. 1953년에 오페라와 발레를 위한 건물이 지어졌다. 불가리아 건국 1300주년을 기념하여 1981년에 불가리아 국립 문화 궁전을 세웠다.그림 4

1953년에 들어선 바실 레프스키 국립 경기장은 불가리아 혁명가인 Vasil Levski(바실 레프스키)의 이름을 따서 명명했다. '자유의 사도'라고 불리는 레프스키는 오스만 제국으로부터 불가리아를 해방시키려는 혁명적 운동을 펼쳤다. 1873년 교수형으로 처형되었으나 불가리아 국민들에게 국가 영웅으로 남아 있다.

1907년에 문을 연 이반 바조프 국립극장은 권위있는 연극 극장이다. 극장 이름에 있는 Ivan Vazov(이반 바초프, 1850-1921)는 불가리아 문학을 대표하는 시인, 소설가, 극작가였다.

1892년에 건설한 국립 고고학 박물관에는 BC 1600년 이전의 선사 시대, 석기·청동기 시대, 트라키아, 그리스, 로마 시대, 중세 후기까지의 소장품이

전시되어 있다. 2004년에 발견하고 2005년과 2006년에 발굴한 세르디카 원형극장(Serdica Amphitheatre)은 로마 제국 때 검투사와 야수(野獸) 사이의 싸움이 있었던 곳으로 추정되었다.

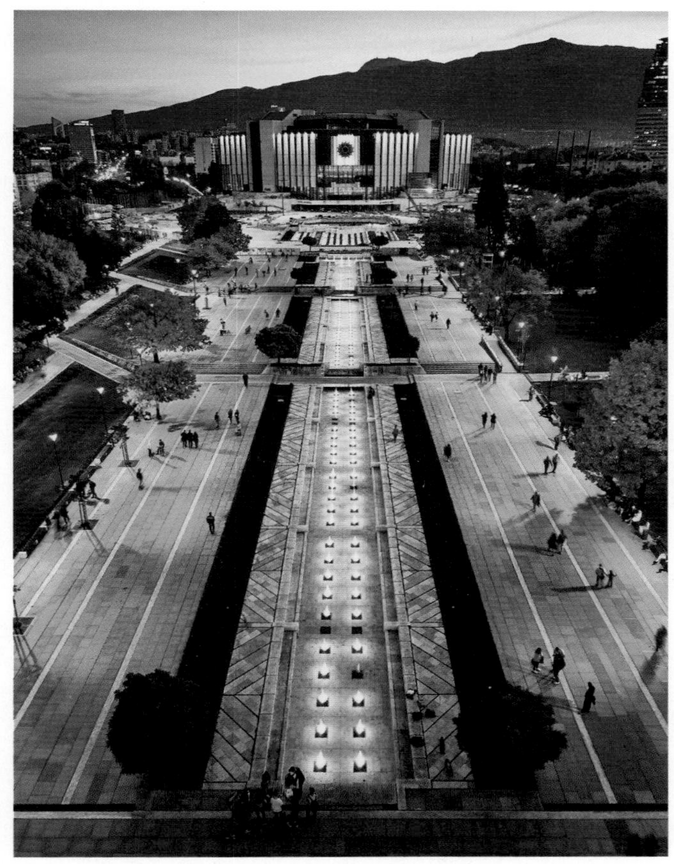

그림 4 **불가리아 소피아의 국립 문화 궁전**

# 그림 출처

## IV. 남부유럽

### 12. 이탈리아 공화국

◑ 위키피디아

그림 1, 그림 2, 그림 3, 그림 4, 그림 5, 그림 6, 그림 7, 그림 8, 그림 9, 그림 10, 그림 11, 그림 12, 그림 13, 그림 14, 그림 15, 그림 16, 그림 17, 그림 18, 그림 19, 그림 20, 그림 21, 그림 22, 그림 23, 그림 24, 그림 25, 그림 26, 그림 27, 그림 28, 그림 29, 그림 30, 그림 31, 그림 32, 그림 33, 그림 34, 그림 35, 그림 36, 그림 37, 그림 38, 그림 39, 그림 40, 그림 41, 그림 42, 그림 43

◑ 저자 권용우

그림 3, 그림 5, 그림 24, 그림 27, 그림 28, 그림 33, 그림 35

### 13. 스페인 왕국

◑ 위키피디아

그림 1, 그림 2, 그림 3, 그림 4, 그림 5, 그림 6, 그림 7, 그림 8, 그림 9, 그림 10, 그림 11, 그림 12, 그림 14, 그림 15, 그림 16, 그림 17, 그림 18, 그림 19, 그림 20, 그림 21, 그림 23, 그림 24, 그림 25, 그림 26, 그림 27, 그림 28, 그림 29, 그림 30, 그림 32, 그림 33, 그림 34, 그림 35, 그림 36, 그림 37, 그림 38, 그림 39, 그림 40

◑ 저자 권용우

그림 3, 그림 5, 그림 13, 그림 22, 그림 28, 그림 31, 그림 32, 그림 33, 그림 37, 그림 38

### 14. 포르투갈 공화국

◑ 위키피디아

그림 1, 그림 2, 그림 3, 그림 4, 그림 5, 그림 6, 그림 7, 그림 8, 그림 9, 그림 10, 그림 11,

그림 12, 그림 13, 그림 14, 그림 15, 그림 16, 그림 17, 그림 18, 그림 19, 그림 20, 그림 21, 그림 22, 그림 23, 그림 24, 그림 25, 그림 26, 그림 28, 그림 29, 그림 30, 그림 31, 그림 32

◑ 저자 권용우

그림 6, 그림 11, 그림 15, 그림 19, 그림 27

### ✦ 발칸반도

◑ 위키피디아

그림 1, 그림 2, 그림 3, 그림 4

◑ 저자 권용우

그림 1, 그림 4

## 15. 그리스 공화국

◑ 위키피디아

그림 1, 그림 2, 그림 3, 그림 4, 그림 5, 그림 6, 그림 7, 그림 8, 그림 9, 그림 10, 그림 11, 그림 12, 그림 13, 그림 14, 그림 15, 그림 16, 그림 17, 그림 18, 그림 19, 그림 20, 그림 21, 그림 22, 그림 23, 그림 24, 그림 25, 그림 26, 그림 27, 그림 28, 그림 29, 그림 30, 그림 31

◑ 저자 권용우

그림 15, 그림 18, 그림 20, 그림 28, 그림 29

## 16. 크로아티아 공화국

◑ 위키피디아

그림 1, 그림 2, 그림 6, 그림 7, 그림 8, 그림 9, 그림 10, 그림 11, 그림 12, 그림 13, 그림 14, 그림 17, 그림 19, 그림 20, 그림 21, 그림 22

◑ 저자 권용우

그림 3, 그림 4, 그림 5, 그림 15, 그림 16, 그림 18, 그림 22

## 17. 슬로베니아 공화국

◑ 위키피디아

그림 1, 그림 2, 그림 3, 그림 4, 그림 5, 그림 6, 그림 7, 그림 9

◑ 저자 권용우

그림 8, 그림 9, 그림 10

## 18. 보스니아 헤르체고비나

◑ 위키피디아

그림 1, 그림 2, 그림 3, 그림 4, 그림 5, 그림 6, 그림 7, 그림 8, 그림 9, 그림 10, 그림 11, 그림 13, 그림 14, 그림 15

◑ 저자 권용우

그림 8, 그림 12, 그림 16

## 19. 세르비아 공화국

◑ 위키피디아

그림 1, 그림 2, 그림 3, 그림 4, 그림 5, 그림 6, 그림 7

◑ 저자 권용우

그림 2, 그림 6, 그림 8

◑ 구글

그림 4

## 20. 몬테네그로

◑ 위키피디아

그림 1, 그림 2, 그림 3

## 21. 코소보 공화국

◑ 위키피디아

그림 1, 그림 2, 그림 3, 그림 4, 그림 5, 그림 6

## 22. 북마케도니아 공화국

◑ 위키피디아

그림 1, 그림 2, 그림 3, 그림 4, 그림 5

## 23. 알바니아 공화국

◑ 위키피디아

그림 1, 그림 2, 그림 3, 그림 4, 그림 5

## 24. 불가리아 공화국

◑ 위키피디아

그림 1, 그림 2, 그림 3, 그림 4

◑ 저자 권용우

그림 2

# 색인

## ㄹ



## ㅁ

ㅂ

ㅅ



ㅇ

ㅍ

## ㅎ

# 저자 소개

**권용우**

서울 중·고등학교

서울대학교 문리대 지리학과 동 대학원(박사, 도시지리학)

미국 Minnesota대학교/Wisconsin대학교 객원교수

성신여자대학교 사회대 지리학과 교수/명예교수(현재)

성신여자대학교 총장권한대행/대학평의원회 의장

대한지리학회/국토지리학회/한국도시지리학회 회장

국토해양부·환경부 국토환경관리정책조정위원장

국토교통부 중앙도시계획위원회 위원/부위원장

국토교통부 갈등관리심의위원회 위원장

신행정수도 후보지 평가위원회 위원장

경제정의실천시민연합 도시개혁센터 대표/고문

「세계도시 바로 알기」 YouTube 강의교수(현재)

『교외지역』(2001), 『수도권공간연구』(2002), 『그린벨트』(2013)

『도시의 이해』(2016), 『세계도시 바로 알기 1, 2, 3』(2021) 등 저서(공저 포함) 75권/

학술논문 152편/연구보고서 55권/기고문 800여 편

세계도시 바로 알기 3 -남부유럽-

초판발행 2021년 12월 30일
초판4쇄발행 2022년 9월 30일

지은이 권용우
펴낸이 안종만 · 안상준

편 집 배근하
기획/마케팅 김한유
표지디자인 BEN STORY
제 작 고철민 · 조영환

펴낸곳 (주) 박영사
서울특별시 금천구 가산디지털2로 53, 210호(가산동, 한라시그마밸리)
등록 1959. 3. 11. 제300-1959-1호(倫)
전 화 02)733-6771
f a x 02)736-4818
e-mail pys@pybook.co.kr
homepage www.pybook.co.kr
ISBN 979-11-303-1426-6 93980



정 가 16,000원